U0595024

再苦／也要笑一笑

孙溪岩 ◎ 编著

中国华侨出版社
·北 京·

　　山有巅峰，也有低谷；水有深渊，也有浅滩。人生之路也一样，总是充满坎坷与挫折，时而波峰，时而谷底。英国作家萨克雷说："生活就像一面镜子，你对它笑，它就对你笑；你对它哭，它也对你哭。"因此，当挫折、不幸或厄运降临的时候，请记住，再苦也要笑一笑。

　　困境是人生的财富，只有超越困境，才能获得幸福与成功。人的一生，就是不断地与痛苦抗争的过程。挫折与不幸是人生的伴侣，但又是人生的一笔财富，它能使人清醒，催人奋进。挫折是可怕的，但却是成长路上不可缺少的基石，实际上，每个困境与障碍都会成为一个超越自我的契机。困境，是成功者的阶梯，失败者的地狱。面对挫折与不幸，悲观的人看到的是危机，乐观的人看到的是转机。

　　笑对人生，是最正确的人生态度。拿破仑得到了世界上绝大多数人渴望拥有的荣誉、权力和金钱，辉煌一时，但他却说："我这一生从来没有过一天幸福的日子。"海伦·凯勒失聪又失明，可她却说："生活多么美好。"人生的快乐与否，完全取决于个人对人、事、物的看法如何。任何的痛苦与快乐都由自己决定，幸福与否全在于你的心态。

笑对人生，改变命运就在一念之间。生命的意义，不在于我们走了多少崎岖的路，而在于我们感悟到了多少哲理。一个人如果积极进取，喜欢挑战，自信乐观，那他就成功了一半。法国启蒙思想家卢梭说过："在我一生中的苦难日子里，我却始终满怀温馨、感人、甜美的情感，这些情感为我悲痛的心灵创伤抹上香膏，仿佛将痛苦化为快感。"

笑对人生，才能于人生的旅途中不断发现生机盎然的绿色，于绝境中看到希望，找到向上攀登的阶梯，而不会在途中搁浅。笑对人生，是一种超然的心态，更是一种凌驾于命运之上的气度。任大雨滂沱、道路崎岖，我自勇往直前；笑对人生，是一种勇气，更是一种淡泊。保持一颗平静、平常之心，"宠辱不惊，看庭前花开花落；去留无意，望天空云卷云舒。"

目 录

第一章
学会接受 —— 苦难是人生必须经历的一课

I

第四章
学会坚强 —— 任何时候都不应该绝望

第五章

学会豁达 —— 淡定豁达，没有真正的输赢人生

第六章

学会行动 —— 躺着空想，不如站起来行动

第七章

学会快乐 —— 再苦也要笑一笑

第八章

学会奋起 —— 超越人生的困境

学会接受——
苦难是人生必须经历的一课

苦难是人生必须经历的一课

人生的痛苦永远多于快乐。一个人的降生就意味着痛苦的开始，而一个人生命的结束，则是痛苦的终结。人的一生，就是不断地与痛苦抗争的过程。人生的意义，就在于从与痛苦的抗争中寻找少许的欢乐。

现在，很多人活得很累，过得也不快乐。其实，人只要生活在这个世界上，就有很多烦恼。痛苦或是快乐，取决于你的内心。人不是战胜痛苦的强者，便是屈服于痛苦的弱者。再重的担子，笑着也是挑，哭着也是挑。再不顺的生活，微笑着撑过去了，就是胜利。

生物学家发现，飞蛾在由蛹变成幼虫时，翅膀萎缩，十分柔软；在破茧而出时，必须经过一番痛苦的挣扎，身体中的体液才能流到翅膀上去，翅膀才能坚韧有力，才能支持它在空中飞翔。

一天，有个小孩子凑巧看到一棵小树上有一只茧在蠕动，好像有飞蛾要从里面破茧而出。小孩子觉得很好奇，于是他饶有兴趣地停下来，准备见识一下由蛹变飞蛾的过程。

但随着时间一点点过去，飞蛾在茧里奋力挣扎，却一直不能挣脱茧的束缚，似乎是再也不可能破茧而出了。小孩子变得不耐烦了，心想：我干脆帮它个忙吧。于是，他就用一把小剪刀，把茧上的丝剪了一个小洞，好让飞蛾摆脱束缚容易一些。果然，不一会儿，飞蛾就从茧里很容易地爬了出来，但是它的身体非常臃肿，翅膀也异常萎缩，耷拉在身体两侧伸展不起来。

小孩子想看着飞蛾飞起来，但那只飞蛾却只是跌跌撞撞地爬着，怎么也飞不起来。又过了一会儿，它就死了。

没有经历痛苦洗礼的飞蛾，脆弱不堪。人生没有痛苦，就会不堪一击。正是因为有痛苦，所以成功才那么美丽动人；因为有灾患，所以欢乐才那么令人喜悦；因为有饥饿，所以佳肴才让人觉得那么甜美。正是因为有痛苦的存在，才能激发我们人生的力量，使我们的意志更加坚强。

瓜熟才能蒂落，水到才能渠成。和飞蛾一样，人的成长必须经历痛苦挣扎，直到双翅强壮后，才可以振翅高飞。

人生若没有苦难，我们会骄傲；没有挫折，成功不再有喜悦，更得不到成就感；没有沧桑，我们不会有同情心。因此，不要幻想生活总是那么圆满，生活的四季不可能只有春天。每个人的一生都注定要跋涉沟沟坎坎，品尝苦涩与无奈，经历挫折和失意。痛苦，是人生必须经历的一课。

因此，在漫长的人生旅途中，苦难并不可怕，受挫折也无需忧伤。只要心中的信念没有萎缩，你的人生旅途就不会中断。艰难险阻是人生对你的另一种形式的馈赠，坑坑洼洼也是对你的意志的磨炼和考验——大海如果缺少了汹涌的巨浪，就会失去其雄浑；沙漠如果缺少了狂舞的飞沙，就会失去其壮观；如果维纳斯没有断臂，那么就不会因为残缺美而闻名天下。生活如果都是两点一线般地顺利，就会如白开水一样平淡无味。只有酸甜苦辣咸五味俱全才是生活的全部，只有悲喜哀痛七情六欲全部经历才算是完整的人生……

所以，你要从现在开始，微笑着面对生活，不要抱怨生活给了你太多的磨难，不要抱怨生活中有太多的曲折，更不要抱怨生活中存在的不公。当你走过世间的繁华与喧嚣，阅尽世事，你会明白：痛苦，是人生必须经历的过程！

天才往往来自苦难

身处逆境，历经磨难，才能创造奇迹，功成名就。伟人如此，天才也不例外。

在同一座佛山上，有两块相同的石头，几年后有着截然不同的结局。一块石头受到很多人的敬仰和膜拜，而另一块石头没人理睬。

这块石头极不平衡地说道："老兄呀，我们是同样的石头，为什么命运差距这么大啊？"

另一块石头回答："你还记得吗？几年前，山里来了一个雕刻家，你害怕割在身上一刀刀的痛，吃不了那苦，而我却忍受着一刀刀的痛，终于我变成了佛像，所以人家膜拜我而不理睬你啊！"

"自古英雄多磨难，从来纨绔少伟男"，身处逆境，历经磨难，才能创造奇迹。伟人如此，天才也不例外。

有一个人，一生落魄，孤独而又自卑地生活在自己构建的王国里，得不到别人的任何承认。

28岁的时候，他爱上表姐，一个刚刚守寡的孕妇。为了表达自己对她的爱意，他把自己的手掌伸进熊熊的炉火中，以致严重受伤，差点儿残废。

可那位表姐不理解他这种独特的表达爱意的方式，拒绝了他。为此，他差点儿走上绝路。

有一次他跟着朋友出去玩，因为没有5法郎，被拒之门外。一个叫拉舍尔的女人对他说："你没有钱，为什么不把耳朵割下来代替呢？"

他回到家，取刀真的把耳朵割了下来，用布包好送到拉舍尔的面前。小镇上的居民都以为他是疯子，甚至要求市政府把他关进疯人院。

他喜欢作画，而且是个天才的画家。但是，没有一个人能读懂他的画，没有人知道他的画的价值。他的画只能在兄弟的小画廊里寄售，几年来，没有售出一幅画。那位管理小画廊的兄弟差点儿被老板炒了鱿鱼。

他一生大概只售出过一幅画，题目叫作《红色的葡萄园》，价值是4英镑。这幅画是他的兄弟和朋友为了帮助他而买下的。

他最大的希望是能找一家咖啡馆展出自己的作品，可是，到死也没有一家咖啡馆愿意展出他的画。

在绝望中，他朝自己腹部开了一枪，却不足以致命。他对赶来的医生说："看来，这次我又没干好。"

最后，他在绝望和旷世孤独中去世，他的安葬仪式也极其简单，甚至很少有人注意到。

他就是梵高，伟大的画家，他的成就现在无人能及。他的画每一幅都价值连城，他的出生地和安息地荷兰、法国都争相把他当作自己的国民，他的画在巴黎、伦敦、荷兰的博物馆都有收藏，并且被放在最显著的位置。

为什么上苍如此亏待他？造就了他的天才，却没有造就出欣赏他的人。是不是一个天才的产生需要搭配相应的苦难，天才至极致，苦难也至极致，上帝在冥冥之中的那双手，难道早已计算好了，尽在他的掌握中？

在《我们的地球》这部大型纪录片中，有一段镜头是蓑羽鹤飞越喜马拉雅山。为了生存和繁殖，蓑羽鹤必须翻越这座世界上最高的山脉到达它在印度的越冬地。它们除了必须克服高海拔的艰险外还得面对金雕的袭击。在生命的禁区，看到这样的情形，就像看到人类攀登喜马拉雅山一样，顽强的生命力在蓑羽鹤身上体现得更加淋漓尽致。

超越极大的苦难越过珠穆朗玛峰，蓑羽鹤才能到达越冬地进行繁殖，开始新的生活。这进一步印证了一个道理：只有经过苦难的洗礼，世界万物才能获得新生。人何尝不是如此呢？

不冒险怎能成功

其实人世间好多事情，只要敢做，多少会有收获。尤其是在困境中，如果能拿出视死如归的勇气，必能化险为夷，任何困难都将迎刃而解。

在非洲的塞伦盖蒂大草原上，每年夏天，上百万只角马从干旱的塞伦盖蒂北上迁移到马赛马拉的湿地，这群角马正是大迁移的一部分成员。

在这艰辛的长途跋涉中，格鲁美地河是唯一的水源。这条河与迁移路线相交，对角马群来说既是生命的希望，又是死亡的象征。因为角马必须靠喝河水维持生命，但是河水还滋养着其他生命，例如灌木、大树和两岸的青草，而灌木丛还是猛兽藏身的理想场所。冒着炎炎烈日，口渴的角马群终于来到了河边，狮子突然从河边冲出，将角马扑倒在地。角马群扬起遮天的尘土，挡住了离狮子最近的那些角马的视线，一场厮杀在所难免。

在河流缓慢的地方，有许多鳄鱼藏在水下，静等角马到来。而水流湍急的河段本身就是一种危险。角马群巨大的冲击力将领头的角马挤入激流，它们若不是淹死，就是丧生于鳄鱼之口。

这天，角马们来到一处适于饮水的河边，它们似乎对这些可怕的危险了如指掌。领头的角马慢慢地走向河岸，每头角马都犹犹豫豫地走几步，嗅一嗅，叫一声，不约而同地又退回来，进进退退像跳舞一般。它们身后的角马群闻到了水的气息，一齐向前挤来，慢慢将"头马"们向水中挤去，不管它们是否情愿。角马群已经有很长时间没饮过水，你甚至能感觉到它们的绝望，然而舞蹈仍然继续着。

过了三个小时，终于有一只小角马"脱群而出"，开始饮水。为什么它敢于走入水中？是因为年幼无知，还是因为渴得受不了？那些大角马仍然惊恐地止步不前，直到角马群将它们挤到水里，才有一些角马喝起水来。不久，角马群将一头角马挤到了深水处，它恐慌起来，进而引发了角马群的一阵骚乱。然后它们迅速地从河中退出，回到迁移的路上。只有那些勇敢地站在最前面的角马才喝到了水，大部分角马或是由于害怕，或是无法挤出重围，只得继续忍受干渴。每天两次，角马群来到河边，一遍又一遍地重复着这仪式。一天下午，一小群角马站在悬崖上俯视着下面的河水，向上游走100米就是平地，它们从那里很容易到达河边。但是它们宁可站在悬崖上痛苦地叫，却不肯向着目标前进。

生活中的你是否也像角马一样？是什么让你藏在人群之中，忍受着对成功之水的渴望？是对未知的恐惧，害怕潜藏的危险？还是你安于平庸的生活，放弃了追求？大多数人只肯远远地看着别人成功，自己却忍受干渴的煎熬。不要让恐惧阻挡你的前进，不要等待别人推动你前进。只有勇于冒险的人才可能成功。要知道，成就和风险是成正比的。世界上很少有报酬丰厚却不要承担任何责任的便宜事。怕担风险，只会让自己和成功无缘。

苹果电脑公司是闻名世界的企业。大家只知乔布斯是苹果电脑创办人，其实30年前，他是与两位朋友一起创业的，其中一名叫惠恩的搭档，人称美国最没眼光的合伙人。

惠恩和乔布斯是街坊，大家都爱玩电脑，两人与另一朋友合作，制造微型电脑出售。这是又赚钱又好玩的生意，三个人十分投入，并且成功制造出"苹果一号"电脑。在筹备过程中，用了很多钱。这三位青年来自中下阶层家庭，根本没有什么资本可言，大家四处借贷，请求朋友帮忙，惠恩只筹得1/10的资本。不过，乔布斯没有怨言，仍成立了苹果电脑公司，惠恩也成为小股东，拥有1/10的股份。

"苹果一号"以660美元出售，原本以为只能卖出一二十台，岂料大受市场欢迎，总共售出150台，收入近10万美元，扣除成本及债项，赚了4.8万美元，惠恩只分得4800美元，但当时已是一笔丰厚的回报。不过，惠恩没有收到这笔红利，只是象征性地拿了500美元作为工资，甚至连那1/10的股份也不要，急于退出苹果电脑。

苹果电脑后来发展成超级企业，如果惠恩当年就算什么也不做，单单继续持有那1/10股权，今时今日，应该有10亿、8亿美元的身价。事实上，乔布斯的另一位搭档，也是凭股份成为亿万富翁的。

为什么惠恩当年愿意放弃一切？原来他很怕乔布斯，因为对方太有野心了。后来他向传媒说："为什么我要马上离开苹果公司，要回 500 美元就算了？因为我怕乔布斯太过激进，日后可能会令公司负上巨额债项，那时我也要替公司负上 1/10 的责任！"转念间，惠恩终生与财富绝缘。

其实人世间好多事情，只要敢做，多少会有收获。尤其是在困境中，如果能拿出视死如归的勇气，必能化险为夷，任何困难都将迎刃而解。

勇气是人生的发动机，勇气能创造奇迹，勇气能战胜一切困难。试想，如果我们事事都能拿出破釜沉舟的勇气和决心，那么世间还有什么困难而言！

有压力才有动力

鲨鱼没有鱼鳔才能够称霸海洋，人没有压力就只能走下坡路。记住：压力永远是前进的动力！

很多人觉得自己压力太大，活得很累。但如果没有压力，就不会有动力。压力并不可怕，关键是你如何去应对和化解。

有时候，成就一个人的往往不是外界的客观条件，而是压力。生物学家发现，鲨鱼之所以能成为海洋霸主，就是因为它没有鱼鳔，压力才成就了它。

上帝在创造万物的时候造了一群鱼，为了让它们具有生存本领，上帝把它们的身体做成流线型，而且十分光滑，这样游动起来可以大大减少水的阻力。

待上帝把这些鱼放到大海中的时候，忽然想起一个问题：

鱼的身体比重大于水，这样，鱼一旦停下来，它就会向海底沉下去，沉到一定深度，就会被水的压力压死。于是，上帝又给了它们一个法宝，那就是鱼鳔。鱼鳔是一个可以自己控制的气囊，鱼可以用增大或缩小气囊的办法来调节沉浮。这样，鱼在海里就轻松多了——有了气囊，它不但可以随意沉浮，还可以停在某地休息。鱼鳔对鱼来讲，实在是太有用了。

出乎上帝意料的是，鲨鱼没有前来安装鱼鳔。鲨鱼是个调皮的家伙，它一入海，便消失得无影无踪，上帝费了好大的劲儿也没有找到它。上帝想，既然找不到鲨鱼，那么只好由它去吧。这对鲨鱼来讲实在太不公平了，它会由于缺少鱼鳔而很快沦为海洋中的弱者，最后被淘汰。为此，上帝感到很悲伤。

亿万年之后，上帝想起自己放到海中的那群鱼来，他忽然想看看鱼们现在到底怎样了。他尤其想知道，没有鱼鳔的鲨鱼如今到底怎么样了，是否已经被别的鱼吃光了。

当上帝将海里的鱼家族都找来的时候，他已经分不清哪些是当初的大鱼小鱼、白鱼黑鱼了。因为，经过亿万年的变化，所有的鱼都变了模样，连当初的影子都找不到了。面对千姿百态、大大小小的鱼，上帝问："谁是当初的鲨鱼？"这时，一群威猛强壮、神采飞扬的鱼游上前来，它们就是海中的霸王——鲨鱼。

上帝十分惊讶，心想，这怎么可能呢？当初，只有鲨鱼没有鱼鳔，它要比别的鱼多承担多少压力和风险啊，可现在看来，鲨鱼无疑是鱼类中的佼佼者。这到底是怎么回事呢？

鲨鱼说："我们没有鱼鳔，就无时无刻不面对压力，因为没有鱼鳔，我们就一刻也不能停止游动，否则我们就会沉入海底，死无葬身之地。所以，亿万年来，我们从未停止过游动，没有停止过抗争，这就是我们的生存方式。"

鲨鱼没有鱼鳔才能够称霸海洋，人没有压力就只能走下坡路。记住：压力永远是前进的动力！

一艘货轮卸货后返航，在浩瀚的大海上，突然遭遇巨大风暴。惊慌失措的水手们急得团团转。老船长果断下令："打开所有货仓，立刻往里面灌水。"

水手们担忧："险上加险，不是自找死路吗？"

船长镇定地说："大家见过根深干粗的树被暴风刮倒过吗？被刮倒的是没有根基的小树。"水手们半信半疑地照着做了。虽然暴风巨浪依旧那么猛烈，但随着货仓里的水越来越满，货轮渐渐地平稳了。

船长告诉那些松了一口气的水手："一只空木桶，是很容易被风打翻的；如果装满水负重了，风是吹不倒的。当船上负重的时候，是最安全的时候；空船时，才是最危险的时候。"

其实，我们每个人都是一只只在生活的海洋中航行的船，生活中的各种压力就是我们的负担，这些压力虽然有时会令我们疲累、烦躁，但它同时也是保证我们前进的动力，若没有这些压力，我们很容易就被生活的波浪打翻。

每个人都会有这样的体会：一个人饭后散步时可以背起手来，闲情漫步；如果让他挑上百斤重担，便会立刻小跑起来。这是为什么？是压力产生了动力。

现在是一个竞争激烈、充满压力的时代。学生有课业升学的压力，员工有工作业绩上的压力，公务员有升迁的压力，商家有市场竞争的压力，就连退了休的人也有压力——健康的压力。压力如同"水可载舟，也可覆舟"一样，既有好的一面，也有坏的一面。如果能把压力变成动力，压力就是蜜糖；如果把压力憋在心里，让它无休止地折磨自己，那就是砒霜。

人有压力不可怕，可怕的是憋在心里，变成心灵的枷锁，这样，人就会失去理智的判断能力，失去激发潜能的自由。西方有句谚语："最后一棵草会压垮骆驼背。"同样的道理，工作生活中的烦心琐事，也会给人造成心理和精神上的压力，直接影响人的健康和生命。

陈凡是个五十刚刚出头的教师，头一年体检时，发现肝上有点问题，从此心情沉重、精神不振，不到半年竟形容枯槁。来年过了春节，同事就听说他已经去世了。医生说他的生命不是因为肝病而结束的，而是被心理压力夺去的。

事情的本身并无绝对的压力可言，压力的真正原因是一个人对问题的态度。只要你能够放开胸怀去面对，压力不但能化解于无形，更能成为成就你的动力。

海伦·凯勒在一岁多的时候，因为生病，从此眼睛看不见，并且又聋又哑了。由于这个原因，海伦的脾气变得非常暴躁，动不动就发脾气摔东西。她家里人看这样下去不是办法，便替她请来一位很有耐心的家庭教师沙利文小姐。海伦在她的熏陶和教育下，逐渐改变了。她利用仅有的触觉、味觉和嗅觉来认识四周的环境，努力充实自己，后来更进一步学习写作。几年以后，当她的第一本著作《我的一生》出版时，立即轰动了全美国。

在她的《假如给我三天光明》一文中，更是表达出了她的坚强、乐观和向上的精神，而这一切都该归功于她对生活的认识。

当把失明仅仅当作一项压力的时候，她痛苦惆怅，所以不能真正地面对生活；当她把压力化作动力的时候，生活就选择了她。

人活在世上，虽然无法逃避生活和工作中的种种压力，但是人有办法战胜它。战胜它的最佳办法就是：先放"心"面对，再用"心"解决。

成长需要一个过程

罗马不是一天建成的。在成长的过程中，我们更需要的是一点耐心和埋头苦干的精神。因为，成长确实需要一个过程。

奥比太太在她的屋子后面种了一大片玉米。经过几个月的辛苦劳作，眼看就到了收获的季节。

一个颗粒饱满裹着几层绿外衣的玉米说道："收获那天，主人肯定先摘我，因为我是今年长得最好的玉米。"周围的玉米听了，也都随声附和地称赞着。

收获开始了，但是奥比太太只看了看那个最棒的玉米，并没有把它摘走。

"她眼力可能不太好，没注意到我，明天，明天，她一定会把我摘走的！"那个很棒的玉米自我安慰着。

第二天，奥比太太又哼着快乐的歌儿收走了其他的玉米，唯独没有摘这个最好的玉米。

"明天老婆婆一定会把我摘走的！"最好的玉米仍然自我安慰着。

第三天，第四天，奥比太太没有来。从这以后的好多天，奥比太太也没有来过，最好的玉米被摘走的希望越来越渺茫了。

直到一个漆黑的雨夜，最好的玉米才突然感悟到："我总以为自己是今年最好的玉米，但现在连奥比太太都不要我了。白天，我顶着烈日，原来饱满而又排列整齐的颗粒变得干瘪坚硬，整个像要炸裂一般。夜晚，我又要和风雨做斗争。也许她真的不需要我，也许我真的不是最好的！"

不知不觉，一缕柔和的阳光照在玉米的脸上，它抬起头来，睁开眼睛，一下就看到了站在它面前的奥比太太。

奥比太太用一种柔和的目光瞧着它，自言自语道："这可是今年最好的玉米，它的种子明年一定比它今年长得还要好哟！"

这时，最好的玉米才明白奥比太太为什么不摘走它的原因。正当它想着的时候，它被奥比太太轻轻地摘了下来……

相信自己，被别人承认需要一个过程，笑到最后的人笑得最甜。只要你有实力和能力，总会得到承认，总能闯出一片自己的天空的。

珍珠固然璀璨夺目，但一开始也只是一颗小砂石，经历漫长的磨砺和成长，才能成为漂亮的珍珠。所以，如果你想获得别人的承认，成就一番事业，就得经过一段刻苦的努力，让自己成为一颗"珍珠"。

有一天，一个年轻人来到大海边打算就此结束自己的生命。在他正要自杀的时候，刚好有一位老人从附近走过，看见了他，并且救了他。

"孩子，告诉我你的名字，为什么会选择这样结束自己宝贵的生命？"老人问。

"我可以告诉你，但你帮不了我。还是让我走吧！"年轻人痛苦地说。

"还没有说，你怎么就知道我帮不了你？"老人说道。

"好吧，我叫乔治。"乔治接着说，"我自认为是一个不错的人，明白很多的东西，而且才从一个名牌大学毕业。我的家人都企盼我可以找到一个好工作，我也相信自己一定可以。但是没有人欣赏我，没有人重用我。我能找到的工作仅仅是一个小公司的普通职员。"

老人静静地说："继续说下去，乔治。"

"所以我觉得自己太失败了，很多的愿望不能实现，我活着还有什么意义！"乔治说。

老人没有回答，只是从脚下的沙滩上捡起一粒沙子，让乔治看了看，然后就随便地扔在了地上，对他说："请你把我刚才扔在地上的那粒沙子捡起来。"

"这根本不可能！"乔治说。

老人没有说话，从自己的口袋里掏出一颗晶莹剔透的珍珠，也是随便地扔在了地上，然后对年轻人说："你能不能把这颗珍珠捡起来呢？"

"这当然可以！"

"那你就应该明白是为什么了吧？你应该知道，现在你自己还不是一颗珍珠，所以你不能苛求别人立即承认你。如果要别人承认，那你就要想办法使自己变成一颗珍珠才行。"

"让自己变成一颗珍珠？"乔治若有所思地想着，终于茅塞顿开。

想要得到别人的认可，你首先就要想办法充实自己，让自己从一粒沙子变成一颗珍珠。一旦把自己由普通的沙粒变成珍珠，你就会散发夺目的光彩。

"现在的人越来越浮躁了。"人们在谈及社会风气时，常常在叹息声中给出这么一个判断。

正处在飞扬的青春，一个人免不了自信满满，年少轻狂，浮躁冒进。罗马不是一天建成的，在成长的过程中，我们更需要的是一点耐心和埋头苦干的精神。因为，成长确实需要一个过程。

学会在挫折中成长

成长其实就是不断战胜挫折的一个过程。经历过挫折的生命，便是那绚丽无比的彩虹。

城里的儿子回农村老家，发现自家玉米地里玉米长得很矮，地已干旱，可周围其他家地里的苗子已长得很高。当儿子买了化肥、挑起粪桶准备浇地时，却被父亲阻止了。父亲说，这叫控苗。玉米才发芽的时候，要旱上一段时间，让它深扎根，以后才能长得旺，才能抵御大风大雨。过了个把月，一个狂风骤雨的日子，儿子果然看到除了自家地里的玉米安然无恙外，别人都在地里扶刮倒了的玉米。

种玉米的故事，似乎亦告诉我们同样的人生道理：年轻时苦一点，受一点挫折，没关系，它只会让人多一点阅历，长一点见识，并因此而坚强起来，最终获取成功。

在生活中，挫折是不可避免的。但是，只要我们正确地看待挫折，敢于面对挫折，在挫折面前无所畏惧，克服自身的缺点，在困难面前不低头，那么，顽强的精神力量就可以征服一切。不是吗？曾任美国总统的林肯一生中就遭遇过无数次失败和打击，然而他英勇卓绝，败而不馁，不正是因为这惊人的顽强毅力才使他走上光辉大道吗？

不经历风雨，怎能见彩虹？的确，人生需要挫折。当挫折向你微笑，此刻你就会明白：挫折孕育着成功。

有一位穷困潦倒的年轻人，身上全部的钱加起来也不够买一件像样的西服。但他仍全心全意地坚持着自己心中的梦想——他想做演员，当电影明星。

好莱坞当时共有500家电影公司，他根据自己仔细划定的路线与排列好的名单顺序，带着为自己量身定做的剧本一一前去拜访。但第一遍拜访下来，500家电影公司竟然没有一家愿意聘用他。

面对无情的拒绝，他没有灰心，从最后一家电影公司出来之后不久，他就又从第一家开始了他的第二轮拜访与自我推荐。

第二轮拜访也以失败而告终。第三轮的拜访结果仍与第二轮相同。

但这位年轻人没有放弃，不久后又咬牙开始了他的第四轮拜访。当拜访第 350 家电影公司时，这里的老板竟破天荒地答应让他留下剧本先看一看。他欣喜若狂。

几天后，他获得通知，请他前去详细商谈。就在这次商谈中，这家公司决定投资开拍这部电影，并请他担任自己所写剧本中的男主角。

不久这部电影问世了，名叫《洛奇》。这个年轻人就是好莱坞著名演员史泰龙。

面对 1850 次的拒绝，所需要的勇气是我们难以想象的。但正是这种勇敢，这种不轻言放弃的精神，这种对自己理想的执着追求，让故事中的年轻人的梦想得到了实现。在我们实现梦想的路途中，也会不可避免地遭遇到种种挫折，让我们用执着为自己导航，坚定地树起乘风破浪的风帆，坚信终有一天成功的海岸线会在我们眼前出现。

挫折是一座大山，想看到大海就得爬过它；挫折是一片沙漠，想见到绿洲就得走出它；挫折还是一道海峡，想见到大陆就得游过它。

挫折是可怕的，但却是人生，是成长不可缺少的基石。

挫折是会给人带来伤害，但它还给我们带来了成长的经验。被开水烫过的小孩子是绝不会再将稚嫩的小手伸进开水里的。即使他再顽皮，他也会记得开水带来的伤痛。被刀子割破了手指的小孩子是绝不会再肆无忌惮地拿着刀子玩耍的，因为他知道刀子很危险。孩子们经历了挫折，但他们换来了成长的经验。这不正是我们所说的"坏事变好事"吗？

有位名人说过："勇者视挫折为走向成功的阶梯，弱者视之为绊脚石。"上天之所以要制造这么多的挫折，就是为了让你在挫折中成长。当你战胜种种挫折，蓦然回首时，你就会惊喜地发现，你成熟了。

痛苦往往是因为追求错误

人的一生中有太多的无奈，我们痛苦往往是因为我们追求错误的东西。如果我们只是忙忙碌碌地追求而无视身边的美好，那么幸福也会远离我们。

古希腊有个寓言是这样讲的：一头驴听说蝉唱歌好听，便头脑发热，要向蝉学习唱歌。于是蝉就对驴说："学唱歌可以，但你必须每天像我一样以露水充饥。"于是，驴听了蝉的话，每天以露水充饥，其结果呢，没有几天，驴就饿死了。

驴子擅长的是劳动而不是唱歌，必须吃青草，它居然按照蝉的做法去喝露水，怎么会有好结果呢？记得有人说过，人之所以痛苦，是因为追求错误——错误的方式或者错误的东西。的确如此，用错误的方式，去追求不适合自己或者本身就是错误的东西，往往就是人生的痛苦之源。

山羊是动物界的贫民，它善良而单纯。虽然地位低微，但是它有自己的追求。它不断地寻找自己的偶像，把偶像当成了生活的动力和希望。在山羊看来，没有树立自己偶像的动物是缺乏热情和思想的动物。

山羊的第一个偶像是黑熊。黑熊是动物界的警察，仪表堂堂、威风凛凛。它负责维护动物界的治安，多次冒着生命危险抓贼，多次奋不顾身地与歹徒搏斗，还在大火中救出了被困的动物。黑熊被动物们称为英雄，山羊对它敬佩得五体投地。可是，后来山羊发现，黑熊偷偷与灰狼来往密切，而灰狼是最可恶的贼呀。山羊家的小羊羔就是被那只灰狼吃掉的。山羊十分气愤，也很悲痛。它恨自己有眼无珠，选择了黑熊做偶像。

于是，山羊决定换个偶像，它选择的第二个偶像是狐狸。狐狸是动物界的明星，擅长表演，唱歌、跳舞、演戏样样精通。山羊喜欢看狐狸表演，把它当作了偶像，十分崇拜。可是，有一天，山羊发现狐狸有偷鸡吃的嗜好。它如同跌入了冰窟窿，心里凉透了。它想：还是怪自己判断能力差，自己怎么没有想到狐狸会有这样丑陋的一面呢？

没办法，还是换吧。山羊选择的第三个偶像是老鼠。老鼠是动物界的著名企业家，办了好多企业，腰缠万贯，富甲一方。老鼠经常给贫困动物捐款，是动物界有名的慈善家。山羊觉得老鼠实在是不凡的动物，有本事而且品德高尚。可是，不久山羊便发现，老鼠不讲信用，是逃税的高手，还借了动物银行大量的贷款，总是找理由不还。而它却花天酒地，一掷千金。

山羊痛苦极了，继续换吧。山羊选择的第四个偶像是猴子。猴子是动物界的名医，曾给许多动物医好了病，把许多动物从死亡线上拉了回来，被一些动物称为再生父母。山羊把猴子当作上帝的使者。然而，山羊又一次失误了。它发现，猴子有一个很大的毛病，就是爱收人家的钱财。你给它钱财它就好好给你看病，不给钱财，它的态度就变得很坏，这令山羊十分气愤。山羊想："作为医生，怎么能这样呢？"

山羊的偶像一个个坍塌了。山羊为此无精打采，它感到生活里一片灰暗，精神几乎要崩溃了。于是，山羊找山神讨教。山羊说："自己为什么这样没有用，找的偶像一个个都靠不住，是不是自己的眼光太差了？"

山神说："不是你的眼光差，而是因为偶像本来就是痛苦的根源。你不断地选择偶像，也就是不停地寻找痛苦。"

山羊恍然大悟。

人之所以有痛苦，往往是因为在追求错误的东西！所以，得不到的或者不属于自己的东西，不要强求。如果我们只是忙忙碌碌地追求而无视身边的美好，那么幸福也会远离我们。所以，有时间静下来的话，不妨想想，什么才是你人生中真正重要的东西。

错误往往是因为选错了方式

努力地做事固然重要，但如果能开动脑筋，讲究方式，就能事半功倍，你的目标也许就会提前实现。做事情若单靠努力和个人意愿，而不懂得注意方式，往往会坏了事情。

克莱克·凯·伍德的母亲对在当地电台工作的儿子很有意

见，因为年纪轻轻的儿子偏偏留着小胡子，她不喜欢儿子这样，因为这样显得太老成了。她多次劝说儿子剃掉胡子，都未奏效。

当克莱克·凯·伍德为本地的公共电台筹措资金时，电台的接线员告诉他，一位妇女打电话说，如果克莱克·凯·伍德把他那让人讨厌的小胡子剃掉的话，她愿意捐赠100美元。为了工作，克莱克·凯·伍德决定接受这个条件，晚上回到家里，他便把胡子剃得干干净净。

第二天，支票果然寄来了，可是汇款人栏上却署着他母亲的名字。

伍德的母亲用智慧的爱剃掉了他的胡子。当克莱克·凯·伍德成了美国著名电视节目主持人后，说到此事时还激动得热泪盈眶。

这份情感让人非常感动。但是，好心也要用对地方，否则不但会添乱，还会把事情搞砸。

胡强的爷爷喜欢留着长长的胡子，随着年龄的增长，长胡子给他带来了很多的不便。每次一口痰吐不好，就会流一胡子，还影响吃饭。而且，一些顽皮的孩子老是以拽他的胡子为乐。胡强的爸爸看着很难受，便多次劝他把胡子剃掉，可是怎么都劝服不了他。

胡强看在眼里，急在心里。一天晚上，他趁爷爷睡着的时候把他的胡子给剪了，爷爷醒来十分气愤，两个人大吵了一架。胡强觉得委屈，爷爷气得几天没吃东西，两人谁也不理谁。

都是为了剃胡子，也都是出于爱心，却产生了如此迥异的结果。生活中，我们其实并没有做错什么，只是选错了方式。

所以，做事情一定要注意做事的方式。只有方式对了，你做的努力才有意义，有时候甚至能带来意想不到的奇效。

快过年了，一位大公司的董事长很苦恼：往年蒸蒸日上的公司，今年的利润大幅度下降。这绝不能怪员工，因为人人都已意识到经济的不景气，干得比以前更卖力。

马上要过年了，照往例，年终奖金最少加发两个月，多的时候，甚至再加倍。今年可惨了，算来算去，顶多只能给一个月的奖金。要是让多年来养尊处优的员工知道，工作积极性会大受影响。

董事长忧心忡忡地对总经理说："许多员工以为最少能领两个月的奖金，恐怕飞机票、新家具都订好了，只等拿奖金就出去度假或付账单呢！"

总经理也愁眉苦脸了："好像给孩子糖吃，每次都抓一大把，现在突然改成两颗，小孩子一定会吵。"

"对了！"董事长灵机一动，"你倒使我想起小时候到店里买糖，总喜欢找同一个店员，因为别的店员都先抓一大把，拿去称，再一颗一颗往回扣。那个比较可爱的店员，则每次都抓不足重量，然后一颗一颗往上加。说实在话，最后拿到的糖没什么差异，但我就是喜欢后者。"

没过两天，公司突然传来小道消息——"由于业绩不佳，年底要裁员。"

顿时人心惶惶了。每个人都在猜，会不会是自己。

但是，紧跟着总经理就做了宣布："公司虽然艰苦，但大家同坐一条船，再怎么危险，也不愿牺牲共患难的同事，只是年终奖金，不可能发了。"

听说不裁员，人人都放下心头上的一块大石头，没被解雇的窃喜早压过了没有年终奖金的失落。

眼看春节将至，人人都做了过个穷年的打算，彼此约好拜年不送礼，以渡过难关。突然，董事长召集各部门主管召开紧急会议。看主管们匆匆上楼，员工们面面相觑，心里都有点儿七上八下："难道又变了卦？"

没几分钟，主管们纷纷冲进自己的部门，兴奋地高喊着："有了！有了！还是有年终奖金，整整一个月，马上发下来，让大家过个好年！"

整个公司大楼爆发出一片欢呼，连坐在顶楼的董事长，都感觉到了地板的震动……

看看吧，董事长只不过换了种方法，不但帮助公司渡过难关，而且公司的凝聚力也大大提升了。

所以，努力地做事固然重要，但如果能开动脑筋，讲究方式，就能事半功倍，你的目标也许就会提前实现。做事情若单靠努力和个人意愿，而不懂得注意方式，往往会坏了事情。

最大的敌人就是自己

每个人最大的对手就是自己。如果你能战胜自己，走出布满阴霾的昨天，你也能成为幸福的人，获得自己人生的奖赏。

驯鹿和狼之间存在着一种非常独特的关系，它们在同一个地方出生，又一同奔跑在自然环境极为恶劣的旷野上。大多数时候，它们相安无事地在同一个地方活动，狼不骚扰鹿群，驯鹿也不害怕狼。

在这看似和平安闲的时候，狼会突然向鹿群发动袭击。驯鹿惊愕而迅速地逃窜，同时又聚成一群以确保安全。狼群早已盯准了目标，在这追和逃的游戏里，会有一只狼冷不防地从斜刺里蹿出，以迅雷不及掩耳之势抓破一只驯鹿的腿。

游戏结束了，没有一只驯鹿牺牲，狼也没有得到一点食物。第二天，同样的一幕再次上演，依然从斜刺里冲出一只狼，依然抓伤那只已经受伤的驯鹿。

每次都是不同的狼从不同的地方蹿出来做猎手，攻击的却只是那一只鹿。可怜的驯鹿旧伤未愈又添新伤，逐渐丧失大量的血和力气，更为严重的是它逐渐丧失了反抗的意志。当它越来越虚弱，已不会对狼构成威胁时，狼便群起而攻之，美美地饱餐一顿。

其实，狼是无法对驯鹿构成威胁的，因为身材高大的驯鹿可以一蹄把身材矮小的狼踢死或踢伤，可为什么到最后驯鹿却成了狼的腹中之食呢？

狼是绝顶聪明的，它们一次次抓伤同一只驯鹿，让那只驯鹿经过一次次的失败打击后，变得信心全无，到最后它完全崩溃了，完全忘了自己还有反抗的能力。最后，当狼群攻击它时，它放弃了抵抗。

所以，真正打败驯鹿的是它自己，它的敌人不是凶残的狼，而是自己脆弱的心灵。同样的道理，要让自己强大起来，唯一的方法就是挑战自己，战胜自己，超越自己。

每个人最大的对手就是自己。如果你能战胜自己，走出布满阴霾的昨天，你也能成为幸福的人，获得自己人生的奖赏。

要想收获，就得先付出

要想得到一些东西，你就必须得付出一些东西，付出多少，你就能得到多少。俗话说，一分耕耘，一分收获。当然，你不必刻意地追求回报，它总是会自己悄悄到来的。

有个人在沙漠里穿行，已经连续几天没喝水了。他饥渴难耐，马上就要支撑不住了，突然发现在前面一株巨大的仙人掌下面有一个压水井。

他欣喜若狂，马上走了过去。看见压水井上面放着一瓶水，他嗓子都要冒烟了，不管三七二十一拿起瓶子准备喝水，发现水井上有块醒目的警告牌子，他忍住干渴，只见牌子上写着这样一些字：

这里距离沙漠的尽头，最近的距离是100英里。

如果你现在将这瓶水喝完，虽然能暂时解除你的干渴，但是你绝对不可能走出沙漠。

如果你将瓶子里的水倒入压水泵，引出井里的水，那么你就能畅饮清凉洁净的井水，使你能平安走出这片沙漠。最后，享用完了别忘了为别人装满一瓶水。

这个人心想，幸好我看了警告，不然后果……然后他将瓶子中的水倒入水泵中，喝足了清凉的井水，安全地走出了这片沙漠。

在取得之前，要先学会付出。只有懂得付出，才能引出生命之水，助你安然走过人生的沙漠。种瓜得瓜，种豆得豆。春种一粒粟，秋收万颗子。没有付出，却想不劳而获，就同妄想天上掉馅饼是一样的道理。

一位从南方来的乞丐与一位从北方来的乞丐在路上相遇。南方乞丐惊愕地说道："你多么像我，我也多么像你，你的神情、服装、举止，甚至那个碗，都和我的简直一模一样。"

北方乞丐也兴奋地嚷着："我觉得在遥远的过去，似乎早就与你相识了。"这两位乞丐被彼此吸引，他们渐渐地爱上了对方。于是，他们不再去天涯海角流浪讨饭，彼此只想依偎在一起。

南方乞丐问："我们已经在一起了，你还拿着碗乞求什么？"

北方乞丐说："这还需要问吗？当然是乞求你的爱。我知道你是爱我的，除了我之外，还有谁跟我一样与你有这么多相同点呢？"

北方乞丐继续说道："亲爱的，将你碗里满满的爱，倒在我的空碗里吧，让我感受你无比的温暖。"

南方乞丐回答说："我端的也是空碗，难道你没瞧见吗？我也祈求你的爱倒入我的空碗，让我的空碗满满的都是你的爱。"

"我的碗是空的，又怎么给你呢？"北方乞丐一脸狐疑。

南方乞丐也说："我的碗难道是满的吗？"

两个乞丐互相乞讨，都期望对方能给自己一些什么，可是一直到最后，任何一方都没有得到对方的爱。

他们渐渐累了，各自叹息之后，走回自己原本的路，继续向其他人乞讨。

在期待别人的付出前，你要先学会付出。爱是相互的。建立在对对方予取予求基础上的爱，就像沙滩上的城堡，指望它能经得起海浪的洗礼是不明智的；因为事实告诉我们，只有靠双方真诚付出，才能使我们的城堡建立在坚实的岩石上，我们爱的城堡才可以在风雨中屹立不倒。

所以，要想得到一些东西，你就必须得付出一些东西，付出多少，你就能得到多少。俗话说，一分耕耘，一分收获。当然，你不必刻意地追求回报，它总是会自己悄悄到来的。

不经历风雨，怎能见彩虹

"不经历风雨，怎能见彩虹"，任何一次成功的获得都要经过艰辛的奋斗和痛苦的磨炼，才能拥有。

老鹰是世界上寿命最长的鸟类。它可以活到 70 岁。要活那么长的寿命，它在 40 岁时必须做出艰难却重要的决定。

当老鹰活到 40 岁时，它的爪子开始老化，无法有效地抓住猎物。它的喙变得又长又弯，几乎碰到胸膛。它的翅膀变得十分沉重，因为它的羽毛长得又浓又厚，使得飞翔十分吃力。

它只有两种选择：等死，或经过一个十分痛苦的更新过程。

老鹰要经过 150 天漫长的历练，很努力地飞到山顶。在悬崖上筑巢。停留在那里，不得飞翔。

老鹰首先用它的喙击打岩石，直到完全脱落。然后静静地等候新的喙长出来。

它会用新长出的喙把指甲一根一根地拔出来。当新的指甲长出来后，它们便把羽毛一根一根地拔掉。5 个月以后，新的羽毛长出来了。这个时候，老鹰才能开始飞翔，重新得到 30 年的岁月！

在我们的生命中，有时候我们也必须做出艰难的决定，然后才能获得重生。我们必须把旧的习惯、旧的传统抛弃，使我们可以重新飞翔。只要我们愿意放下旧的包袱，愿意学习新的技能，我们就能发挥我们的潜能，创造新的未来。

乔·路易斯，世界十大拳王之一，可以说是历史上最为成功的重量级拳击运动员，在长达 12 年的时间里，他曾经让 25 名拳手败在自己的拳下。

自从上学以后，乔伊·巴罗斯就成了同学嘲弄的对象。也难怪，放学后，别的 18 岁的男孩子进行篮球、棒球这些"男子汉"的运动，可乔伊却要去学小提琴！这都是因为巴罗斯太太望子成龙心切。20 世纪初，黑人还很受歧视，母亲希望儿子能通过某种特长改变命运，所以从小就送乔伊去学琴。那时候，对于一个普通家庭来说，每周 50 美分的学费是个不小的开销，但老师说乔伊有天赋，乔伊的妈妈觉得为了孩子的将来，省吃俭用也值得。

但同学不明白这些，他们给乔伊取外号叫"娘娘腔"。一天乔伊实在忍无可忍，用小提琴狠狠砸向取笑他的家伙。一片混乱中，只听"咔嚓"一声，小提琴裂成两半儿——这可是妈妈节衣缩食给他买的。泪水在乔伊的眼眶里打转，周围的人一哄而散，边跑边叫："娘娘腔，拨琴弦的小姑娘……"只有一个同学既没跑，也没笑，他叫瑟斯顿·麦金尼。

　　别看瑟斯顿长得比同龄人高大魁梧，一脸凶相，其实他是个热心肠的好人。虽然还在上学，瑟斯顿已经是底特律"金手套大赛"的卫冕冠军了。"你要想办法长出些肌肉来，这样他们才不敢欺负你。"他对沮丧的乔伊说。瑟斯顿不知道，他的这句话不但改变了乔伊的一生，甚至影响了美国一代人的观念。虽然日后瑟斯顿在拳坛没取得什么惊人的成就，但因为这句话，他的名字被载入拳击史册。

　　当时，瑟斯顿的想法很简单，就是带乔伊去体育馆练拳击。乔伊抱着支离破碎的小提琴跟瑟斯顿来到了体育馆。"我可以先把旧鞋和拳击手套借给你，"瑟斯顿说，"不过，你得先租个衣箱。"租衣箱一周要 50 美分，乔伊口袋里只有妈妈给他这周学琴的 50 美分，不过琴已经坏了，也不可能马上修好，更别说去上课了。乔伊狠狠心租下衣箱，把小提琴放了进去。

　　开头几天，瑟斯顿只教了乔伊几个简单的动作，让他反复练习。一个礼拜快结束时，瑟斯顿让乔伊到拳击台上来，试着跟他对打。没想到，才第三个回合，乔伊一个简单的直拳就把"金手套"瑟斯顿击倒了。爬起来后，瑟斯顿的第一句话就是："小子，把你的琴扔了！"

乔伊没有扔掉小提琴，但他发现自己更喜欢拳击，每周50美分的小提琴课学费成了拳击课的学费，巴罗斯太太懊恼了一阵后，也只好听之任之。不久乔伊开始参加比赛，渐渐崭露头角。为了不让妈妈为他担心，乔伊悄悄把名字从"乔伊·巴罗斯"改成了"乔·路易斯"。

5年以后，23岁的乔已经成为重量级世界拳王。1938年，他击败了德国拳手施姆林，当时德国在纳粹统治之下，因此乔的胜利意义更加重大，他成了反法西斯者心中的英雄。但巴罗斯太太一直不知道人们说的那个黑人英雄就是自己"不成器"的儿子。

漫漫人生，人在旅途，难免会遇到荆棘和坎坷，但风雨过后，一定会有美丽的彩虹。任何时候都要抱乐观的心态，任何时候都不要丧失信心和希望。失败不是生活的全部，挫折只是人生的插曲。虽然机遇总是飘忽不定，但朋友，只要你坚持，只要你乐观，你就能永远拥有希望，走向幸福。

第二章

学会应对 ——
用坦然迎接不幸

用坦然迎接不幸

俗话说：水无常形，兵无常势。人生的失败、挫折也是这样，最重要的是你如何坦然面对它们。

在过去的岁月里，对你而言，或许是页页创痛的伤心史，在检阅过去的一切时，你也许会觉得自己处处失败，一事无成。你热烈地期待着成功的事业却不能如愿，连你最近的亲戚朋友，甚至也要离弃你！你的前途，似乎是十分惨淡和黑暗！但是，虽有上述种种不幸，只要你不甘心永远屈服，胜利终有一天会向你招手。

从古至今，有多少英雄豪杰因一次的挫折而一蹶不振，我们不能因他们的美名而去像他们一样经不起挫折。

人的一生不可能一帆风顺，遇到挫折和困难是难免的，你不可能一直处于顺境，一直处于辉煌，当你人生走到了"山"的顶峰必然会走下坡路，但要做到坦然面对、心态放平稳，对于我们才是最重要的。

在20世纪60年代初期，美国化妆品行业的"皇后"玛丽·凯把她一辈子积蓄下来的5000美元作为全部资本，创办了玛丽·凯化妆品公司。

为了支持母亲实现"狂热"的理想，两个儿子也"跳往助之"，辞去了较好的工作，加入到母亲创办的公司中来，宁愿只拿250美元的月薪。玛丽·凯知道，这是背水一战，是在进行一次人生中的大冒险，弄不好，不仅自己一辈子辛辛苦苦的积蓄将血本无归，而且还可能葬送两个儿子的美好前程。

在创建公司后的第一次展销会上，她隆重推出了一系列功效奇特的护肤品，按照原来的计划，这次活动会引起轰动，一举成功。但是，"人算不如天算"，整个展销会下来，她的公司只卖出去15美元的护肤品。

在残酷的事实面前，玛丽·凯不禁失声痛哭，而在哭过之后，她反复地问自己："玛丽·凯，你究竟错在哪里？"

经过认真的分析，她及时调整了自己的不良心态，坦然地接受了这一切。最后终于悟出了一点：在展销会上，她的公司从来没有主动请别人来订货，也没有向外发订单，而是希望人们自己上门来买东西……难怪在展销会上落得如此的后果。

于是她从第一次失败中站了起来。如今，玛丽·凯化妆品公司发展到现在已经成为一个国际性的公司，拥有一支20万人的推销队伍，年销售额超过 3 亿美元。

　　已经步入晚年的玛丽·凯能创造如此奇迹，并不是上天的怜悯，而是她面对挫折时，坦然地接受了这一切，悟出一个好的想法并着手开始自己的行动，最后获得了巨大的成功。

　　要善于检验你人格的伟大力量，你应该常常扪心自问，在除了自己的生命以外，一切都已丧失了以后，在你的生命中还剩余什么？即在遭受失败以后，你还有多大勇气？如果你在失败之后，从此一蹶不振，放手不干而自甘永久屈服，那么别人就可以断定，你根本算不上什么人物；但如果你能雄心不减、大步向前，不失望、不放弃，那么别人就可以断定，你的人格之高、勇气之大，是可以超过你的损失、灾祸与失败的。

　　无论你做了多少准备，有一点是不容置疑的：当你进行新的尝试时，你可能犯错误，无论你是作家，还是企业家，或者是运动员，只要不断对自己提出更高的要求，都难免失败。但失败并不是你的错，重要的是要从中吸取教训。

　　古人云：前事不忘，后事之师。在克服挫败方面，我们的祖先已经给我们做出了太多的榜样。在社会竞争激烈的今天，挫折无处不在，若一时受挫而放大痛苦，将会终生遗憾。遭遇挫折，就当痛苦是你眼中的一粒尘埃，眨一眨眼，流一滴泪，就足以将它淹没；遭遇挫折就当它是一阵清风，让它在你耳旁轻轻吹过；遭遇挫折，就当它是一阵微不足道的小浪，不要让它在你心中激起惊涛骇浪；遭遇挫折，不要放大痛苦。擦一擦身上的汗，拭一拭眼中的泪，继续前进吧！

人生本无坦途

人生不可能有坦途，当我们无法改变外在环境时，要想跨越生命中的障碍，取得某种突破，往往需要一定的魄力。

路如蛛网。

老人端坐蛛网中央。

远远地，一个黑点在网上移动。

渐渐地，近了，近了，老人看清，那是一个魁伟英俊、朝气勃勃的年轻人。年轻人着一身牛仔服，穿一双登山鞋，背一个旅行包，挂一根铁拐杖，正急急地向老人靠近。

年轻人来到老人面前，深深地鞠了一躬。

"老大爷，我要到山那边去，该走哪条路？"

老人缓缓地抬起右手，伸出三个指头，反问道："左、中、右三条路，你想走哪一条？"

年轻人踌躇了一会儿，说："左边。"

"左边的路坎坷不平！"

老人说完，闭上了眼睛。

年轻人二话没说，挂了拐杖，走了。

不知过了多久，年轻人又来到老人面前。

"老大爷，我必须到山那边去，但怎么也走不出那些坎坷，您老人家能告诉我出山的路吗？"

老人又缓缓地抬起右手，伸出三个指头："左、中、右，你想走哪条路？"

"右边的。"年轻人声音很轻，似乎不好意思。

"右边的路，布满荆棘！"

老人说完，又闭上了眼睛。

年轻人呆呆地望了老人一会儿，然后拄着拐杖，一步一步地走了。

不知过了多久，年轻人再次来到老人面前。他放下背包，席地而坐，喘了几口粗气，才说："老大爷，我一定要到山那边去，但走来走去，总是在原地打转，走不出迷惑的荆棘，您老人家能帮帮忙，告诉我出山的路吗？"

老人还是缓缓地抬起右手，伸出三个指头："左、中、右，你想走哪一条路？"

"我想走一条平坦的路！"年轻人毫不犹豫地回答，脸上掠过一丝笑容。

"平坦的路是没有的啊！"老人说完就盯着年轻人，眼光却似乎充满了鼓励。

年轻人用沉思的眼光扫了老人一眼，似乎明白了老人的用意，背起背包，拄着拐杖，一步一步，坚定地向前走去。

很多人希望能在平坦的人生之路上高唱心中最美的牧歌，像海子去草原寻找美丽的灰姑娘，像三毛去天堂寻找心爱的荷西。如果没有平坦的路，我们就要做一些冒险和牺牲，就像愚公为了走上坦途，选择了移山。

人生本无坦途，在漫长的道路上，谁都难免遇上厄运和不幸。但生活的脚步不论是沉重，还是轻盈，我们从中不仅要品尝失败的痛苦，同时也应该学会享受收获与快乐。只要我们善于总结跌倒的教训，在哪里跌倒在哪里爬起来，告别迷惘的昨天，珍惜美好的今天，微笑着面对明天，充满信心展望更加灿烂的后天。不管是从辉煌成功中走出，还是在失败中奋起，漫漫人生路，踏平坎坷成大道，才是我们不懈的追求。

一家公司的主管，在一次培训课上，用一幅图诠释了一个人生寓意。

他首先在黑板上画了一幅图：在一个圆圈中间站着一个人。接着，他在圆圈的里面加上了一座房子、一辆汽车、一些朋友。

主管说："这是你的舒服区。这个圆圈里面的东西对你至关重要：你的住房、你的家庭、你的朋友，还有你的工作。在这个圆圈里面，人们会觉得自在、安全，远离危险或争端。现在，谁能告诉我，当你跨出这个圈子后，会发生什么？"

教室里顿时鸦雀无声，之后一位积极的学员打破沉默："会害怕。"

另一位说："会出错。"

这时，主管微笑着说："当你犯错误了，其结果是什么呢？"

最初回答问题的那名学员大声答道："我会从中学到东西。"

主管说："是的，你会从错误中学到东西。当你离开舒服区以后，你学到了你以前不知道的东西，你增加了自己的见识，所以你进步了。"

主管再次转向黑板，在原来那个圈子之外画了个更大的圆圈，还加上些新的东西，包括更多的朋友、更好的汽车、一座更大的房子等等。

"如果你总是在自己的舒服区里打转，你就永远无法扩大你的视野，永远无法学到新的东西。只有当你跨出舒服区以后，你才能使自己人生的圆圈变大，你才能把自己塑造成一个更优秀的人。"主管说道。

的确，在这个世界上，没有一成不变的环境与事物，每个人随时随地可能都需要转换生存方式、生存环境、生存角色、生存意识。如果始终拘泥于一种思考方式、一个固定的位置，就会成为井底之蛙，看不到更广阔的空间，也不可能得到更长远的发展。

人类科学史上巨人爱因斯坦，在报考瑞士联邦工艺学校时，竟因三科不及格落榜，被人嘲笑为"低能儿"。被誉为"东方卡拉扬"的日本著名指挥家小泽征尔，在初出茅庐的一次指挥演出中，曾被中途"轰"下场来，紧接着又被解聘。为什么厄运没有摧垮他们？因为他们眼里始终把坎坷看作人生的轨迹，是人生的一种磨炼。假如他们没有当时的厄运和无奈，也许就没有日后绚丽多彩的人生。

世上有许多的事情是难以预料的。成功伴随着失败，失败伴随着成功。面对成功或荣誉，不要狂喜，也不要盛气凌人，把功名利禄看轻些，看淡些；面对挫折或失败，要像爱因斯坦、小泽征尔那样，不要忧伤，更不要自暴自弃，把厄运羞辱看远些，看开些。

漫长的人生道路上，难免会有得意与失落的时候，十年河东十年河西，在困难到来的时候，不需要你拼命地往前冲，只要你别向后退缩，咬着牙挺过去，把手头的事做好了，幸福也就不远了。

人生本无坦途，太顺利了未必就是一件好事，人的一生，既要享受生活带给你的幸福，也要能承受生活带给你的磨难。生活是一把双刃剑，穷有穷的开心，富也有富的烦恼。重要的是你的心态，心态不好你的快乐就会很少，心态好了快乐就会随时在你身边。

　　在通向成功的人生道路上布满了荆棘，充满数不清的艰难、困苦、辛酸与煎熬。人世间的风风雨雨，就是这个世界赐予我们的智慧，一个人越是经风雨见世面，他的阅历就越广，阅历越广，大脑开发的程度就越高，大脑的开发程度越高，拥有的智慧就越多。

　　踏平坎坷是坦途，一个人一生中的坎坷，不是苦难，而是财富。每一个挫折与失败，都是一次痛苦的记忆和教训，但也是灯塔、航标，是未来人生路上的指南针。

　　无论是面对逆境，还是一直走在坦途上，只有怀着积极心态的人，才能不断地超越自己，才能在未来世界的发展之中立于不败之地。因此，我们每个人都要勇于更新自己的思维方式，转换自己的生存状态，调整自己的前进步伐。

乐观地面对一切

　　一时的困境并不意味着你的整个人生都是灰暗的，只要你永远保持乐观积极的心态，笑迎人生的一切，那么风雨过后，你一定能见到绚丽的彩虹。

人的一生，就像是一次旅行，沿途中既有数不尽的坎坷泥泞，也有看不完的风景。我们既能享受阳光、希望、快乐、幸福……也要面对黑暗、绝望、忧愁、不幸……

在面对人生的美丽时，我们都能微笑迎接，可是当我们面对人生那些不可避免的哀愁时，我们会有什么样的反应呢？

古希腊有一个大政治家叫狄摩西尼。天生的不幸，他的齿唇上留有缺陷，说话含混不清，很难与人沟通、交流，这令他非常苦恼。为了纠正自己的这个毛病，狄摩西尼找来一块小鹅卵石含在嘴里练习说话。有时跑到海边，有时跑到山上，尽量放开喉咙背诵诗文，练习一口气念几个句子。长时间的练习，石子磨破了他的牙龈，每次都弄得满嘴是血。血染红了他嘴里的那块石头。但这些困难并没有使他放弃练习，一直到口齿流利，能侃侃而谈为止。

狄摩西尼的故事之所以感人，是因为他在用意志与躯体抗争，用美好的愿望与不幸的缺陷抗争……

其实，这更像是在拔河，是在心里拔河。有时候，我们的心中时常会萌生出一些美好的愿望，并按照这美丽的线索，去寻找自己生命的春天。但是自身的缺陷、懒惰、怯懦等等束缚着愿望远行的脚步。为此，双方总要在内心深处较量一番。而较量的结果大概只有这样两种：一种是行动伴着愿望一起走，一种是美好的愿望枯萎在束缚的泥潭里。

有两个姑娘，她们一个叫珍妮，是美国人，另一个叫南希，是英国人。她们聪明、美丽，但都是残疾人。

珍妮出生时两腿没有腓骨。一岁时，她的父母做出了充满勇气但备受争议的决定：截去珍妮的膝盖以下部位。珍妮一直在父母怀抱和轮椅中生活。后来，她装上了假肢，凭着惊人的毅力，她现在能跑，能跳舞和滑冰。她经常在女子学校和残疾人会议上演讲，还做模特，频频成为时装杂志的封面女郎。

与珍妮不同的是，南希并非天生残废。她曾参加英国《每日镜报》的"梦幻女郎"选美，一举夺冠。1990年她赴南斯拉夫旅游，决定侨居异国。当地内战期间，她帮助设立难民营，并用做模特赚来的钱设立希茜基金，帮助因战争致残的儿童和孤儿。1993年8月，在伦敦她不幸被一辆警车撞倒，造成肋骨断裂，还失去了左腿。但她没有被这一生活的不幸击垮。她很快就从痛苦中恢复过来，康复后她比以前更加积极地奔走于车臣、柬埔寨，像戴安娜王妃一样呼吁禁雷，为残废人争取权益。

也许是一种缘分，珍妮和南希在一次会见国际著名假肢专家时相识。她们一见如故，现在情同姐妹。

虽然肢体不全，但她们都不觉得这是多么了不得的人生憾事，反而觉得这种奇特的人生体验，给了她们更加坚韧的意志和生命力。她们现在使用着假肢，行动自如。只有在坐飞机经过海关检测，金属腿引发警报器铃声大作时，才会显出两位大美人的腿与众不同。

只要不掀开遮盖着膝盖的裙子，几乎没有人能看出两位美女套假肢。她们常受到人们的赞叹："你的腿形长得真美，看这曲线，看这脚踝，看这脚趾涂得多鲜红！"

珍妮说："我虽然截去双腿，但我和世界上任何女性没有什么不同。我喜欢打扮，希望自己更有女人味。"

这对姐妹几乎忘了自己是残废。她们没有时间去自怨自艾，人生在她们眼里仍然是美好的，她们在人们眼中也是美好的。也有异性在追求她们，她们和别的肢体健全的姑娘一样，也有着自己的爱情。

　　乐观地面对生命的一切，永远积极地生活，这就是珍妮与南希的做事原则和人生态度。

　　虽然，每个人的人生际遇各不相同，而且命运也并不是对每一个人都很公平，但是相信上帝在关上一扇窗的同时，也会为你开启另一扇窗。面对窗外的大地和天空，就看你能不能高昂起你的头，用一双智慧的眼睛，透过岁月的风尘寻觅到辉煌灿烂的繁星。先不要说生活怎样对待你，而是应该问一问自己，你是怎样看待生活的？

　　面对人生阴暗时，如果我们的一颗心总是被忧愁、沮丧所覆盖，干涸了心泉、黯淡了目光、失去了生机、丧失了斗志，我们的人生轨迹岂能美好？而我们又岂能成就大事？

　　永远不要指望靠别人的同情与帮助来获得成功。就现实的情形而言，悲观失望者一时的呻吟与哀号，虽然能得到短暂的同情与怜悯，但最终的结果只会是别人的鄙夷与厌烦。

　　但假如我们能始终保持一种健康向上的心态，乐观地看待眼前发生的一切，那么，即使我们身处逆境、四面楚歌，也一定会有"山重水复疑无路，柳暗花明又一村"的那一天。

　　在人生道路上，既有阳光也有风雨，一个人要想赢得人生，就不能总把目光停留在那些消极的东西上，那只会使人沮丧自卑、徒增烦恼，让人生被生活的阴影遮蔽它本该有的光辉。

挫折是成功的法宝

挫折就是阶梯，挫折就是机遇，挫折就是成功的开始。这个世上确有不少被埋没的人，但是，对于一个优秀的人来讲，不管遭遇多大的困难，他们也绝不会沮丧，纵使遭受再大的挫折，也能重新站起，勇往直前。

汤姆在纽约开了一家玩具制造公司，另外在加利福尼亚和底特律设了两家分公司。

20世纪80年代，他瞄准了一个极具潜力的市场产品——魔方，开始生产并投放市场，市场反馈非常好。于是，汤姆决定大批量生产，两个公司几乎所有的资金和人力都投入进来。谁知，这个时候，亚洲的市场已经由日本一家玩具生产厂家占领。等汤姆厂家生产的魔方投放亚洲市场时，市场已经饱和！再往欧洲试销，也饱和了。汤姆慌了，立即决定停止生产，但已经晚了，大批的魔方堆积在仓库里。特别是两个分公司，资金几乎完全积压，又要腾出仓库来堆放新产品，汤姆的生意在底特律和加州大大受挫。汤姆无奈之下，决定从加州和底特律撤出来，只保留总部，他的财务已经无法支撑太大的架子。

这是汤姆第一次输掉了一局。

不久，汤姆的财力恢复，于是，在伊朗德黑兰市设了一个分厂，开拓起亚洲市场来了。但好景不长，两伊战争再度爆发，而且持续时间特别长，汤姆的亚洲市场化为灰烬。正逢美国玩具工人大罢工，汤姆处于风雨飘摇中的玩具公司立即破产，他血本无归。

汤姆又一次输了！

汤姆总结了自己失败的原因，萌发了一个庞大的计划。他向银行贷了一笔资金，再度开创一家玩具厂。经过周密计划，严谨的市场调研和销售分析，他立即决定生产脚踏车，他要在日本厂商打进欧美市场之前重拳出击。他一炮打响，美洲市场被他的厂家占领，欧洲市场的厂家也占有优势。两年后，因为脚踏车市场已近饱和，汤姆又决定停止生产，开发另一种产品。

这次汤姆胜了，并且赢了全局！

从这个故事中，我们不难发现：雄鹰的展翅高飞，是离不开最初的跌跌撞撞的。"不经一番寒彻骨，哪得梅花扑鼻香。"要想让自己成为一个有所作为的人，我们就要有吃苦的准备，人总是在挫折中学习，在苦难中成长。

我们每个人都会面临各种机会，各种挑战，各种挫折。成功不是一个海港，而是一个埋伏着许多危险的旅程，人生的赌注就是在这次旅程中要做个赢家，成功永远属于不怕失败的人。

每个人的一生，总会遇上挫折。相信困难总会过去，只要不消极，不坠入恶劣情绪的苦海，就不会产生偏见、误入歧途，或一时冲动破坏大局，或抑郁消沉，振作不起来。

其实在人生的道路上，谁都会遇到困难和挫折，就看你能不能战胜它，战胜了，你就是英雄，就是生活的强者。某种意义上说，挫折是锻炼意志、增强能力的好机会，不要一经挫折就放弃努力，只要你不断尝试，就随时可能成功。

如果你在挫折之后对自己的能力发生了怀疑，产生了失败情绪，就想放弃努力，那么你就已经彻底失败了。

挫折是成功的阻碍，但也是成功的法宝，它能使人走向成熟，取得成就，但也可能破坏信心，让人丧失斗志。对于挫折，关键在于你怎么对待。

爱马森曾经说过："伟大高贵人物最明显的标志，就是他坚韧的意志，不管环境如何恶劣，他的初衷与希望不会有丝毫的改变，并将最终克服阻力达到所企望的目的。"每个人都有巨大的潜力，因此当你遇到挫折时要坚持，充分挖掘自己的潜力，才能使自己离成功越来越近。

跌倒以后，立刻站立起来，不达目的，誓不罢休，向失败夺取胜利，这是自古以来伟大人物的成功秘诀。不要惧怕挫折，挫折是成功的法宝，在一个人输得只剩下生命时，潜在心灵的力量还有多少？没有勇气、没有拼搏精神、自认挫败的人的答案是零，只是坚持不懈的人，才会在失败中崛起，奏出人生的乐章。

世界上有许多人，尽管他们失去了拥有的全部资产，但是他们并不是失败者，他们依旧有着坚忍不拔的精神，有着不可屈服的意志，凭借这种精神和意志，他们依旧能够走向成功。

温特·菲力说："失败，是走上更高地位的开始。真正的伟人，面对种种成败，从不介意；无论遇到多么大的失望，绝不失去镇静，只有他们才能获得最后的胜利。"

在漫漫旅途中，失意并不可怕，受挫折也无需忧伤。只要心中的信念没有萎缩，只要自己的季节没有严冬，即使凄风厉雨，即使大雪纷飞。艰难险阻是人生对你的另一种形式的馈赠，坑坑洼洼也是对你意志的磨炼和考验。落叶在晚春凋零，来年又是灿烂一片；黄叶在秋风中飘落，春天又将焕发出勃勃生机。

看淡生活中的不平事

面对生活中不公平的人和事，不要过分强求。生活本是如此，只要学会生活，懂得生活，就会看淡生活中的不平事。

世上很难有公平的事，本来你想这样，事情偏偏与你的愿望背道而驰，即使你付出辛苦了，付出努力了，也不一定能获得回报。

亨特遭到女友抛弃来请教大师指点，他说女友还活得好好的，感到愤恨难平。

大师问他为什么。亨特回答："我们在一起时发过重誓的，先背叛感情的人在一年内一定会死于非命，但是到现在两年了，她还活得很好，老天真是太没眼，难道听不到人的誓言吗？"

大师告诉亨特，如果人间所有的誓言都会实现，那人早就绝种了。因为在谈恋爱的人，除非没有真正的感情，全都是发过重誓的，如果他们都死于非命，这世界还有人存在吗？老天不是无眼，而是知道爱情变化无常，我们的誓言在智者的耳中不过是戏言罢了。

"人的誓言会实现是因缘加上愿力的结果。"大师说。

"那我该怎么办呢？"亨特问。

大师给他讲了一个寓言：

"从前有一个人，用水缸养了一条非常名贵的金鱼。一天鱼缸打破了，这个人有两个选择，一个是站在水缸前诅咒、怨恨，眼看金鱼失水而死；一个是赶快拿一个新水缸来救金鱼。如果是你，你怎么选择？"

"当然赶快拿水缸来救金鱼了。"亨特说。

"这就对了，你应该快点拿水缸来救你的金鱼，给它一点滋润，救活它。然后把已经打破的水缸丢弃。一个人如果能把诅咒、怨恨都放下，才会懂得真正的爱。"

亨特听了，面露微笑，欢喜而去。

实际上，绝对的公平是不存在的，世界不是根据公平的原则而创造的。但是我们即使遇到不公平的事，也不要怨天尤人。因为，怨也没有用，生活就是这样，有什么办法？有时候没有道理可讲，有时候又似乎不近情理。当生活让你哭笑不得的时候，你不应该太过于抱怨，而是要看淡生活中的不公平才对。

付出与回报的天平上总会出现不尽如人意的误差，苦苦的追寻换来的只能是一身的疲惫，挥洒的汗水总是换不来期待中的收获。这一切都是人生中挥之不去的，是人生竞技场上必不可少的基石。

譬如豹吃狼、狼吃獾、獾吃鼠、鼠又吃……只要看看大自然就可以明白，这些受到威胁的弱者永远是不公平的，强者生存，弱者灭亡，优胜劣汰，没有公平可言。飓风、海啸、地震等等自然灾害对所有生命来讲都是不公平的。人类社会里，贫穷、战争、疾病、犯罪、吸毒等等不平等的现象此起彼伏。公平是神话中的概念，人们每天都过着不公平的生活，快乐或不快乐，是与公平无关的。这并不是人类的悲哀，只是一种真实情况，过去不曾有过，今后也不会有。面对生活中不公平的人和事，不妨采取以下三种做法：

一、改变衡量公平的标准。不公平是一种进行比较后的主观感觉，因此只要我们改变一下比较的标准，就可以在心理上消除不公平。比如，自己这次没评上职称，觉得很不公平。但是如果换一个角度想想，就会发现这次评选职称的名额有限，许多和自己条件一样甚至强于自己的人也没评上，这样一想，你也许就会心安理得了。

二、通过自己的奋发努力来求得公平。比如，有些人认为只要工作踏实肯干、业务能力强就可以得到领导的青睐，而把主动与领导搞好关系的举动错误地当成了溜须拍马。其实，领导也是人，而人都需要得到别人的肯定与尊重，所以有些看似不公平的事正是自己不成熟的观念与言行造成的。

三、不要事事苛求公平。人的内心常常受到伤害的原因之一，就是要求每件事都必须公平。其实，世界上根本就没有绝对的公平，所以我们不要事事都拿着一把公平的尺子去衡量。

生活也许并不是我们想象的那样美好，它对每个人的待遇都存在着偏心。有的人，从生下来就非常顺利，做什么都一帆风顺，没有什么坎坷，事业、婚姻都让别人羡慕；可有的人，从生下来就注定是个倒霉蛋，事业的挫折，生活的艰苦，情感的失意，都在困扰着他，甚至有时连小小的打算也难以实现。其实这就是正常的生活。因此，不要对生活给予你的不公心存怨恨，尽早地忘却它吧！只有不断地抛弃烦恼，生活才会向你展露它最灿烂的微笑。

一笑置之岂不更好

一笑置之，给自己留一条退路，给自己一点蓄势的时间，给自己一些宽容和理解，我们就会坦然地面对失去，从而心境平和，为自己赢得一个好心情。

无论你的天资多么聪颖，偶尔也会做些蠢事。一般人出了丑，总是羞赧不堪，躲避众人耳目。何必呢？换个角度想想，这些蠢事其实还蛮有趣的，如果能够一笑置之，不是更好吗？

这就是自嘲。

自嘲，大致意思就是自己开自己的玩笑。可是要真探讨起来，这样就不能说明其真正的内涵了。

约翰逊在华盛顿的就职仪式上发表演讲时，人群中突然有个人高声喊道："他只是个裁缝匠出身的人！"面对突如其来的嘲弄，约翰逊泰然自若、心平气和地说："某位先生说我过去曾是个裁缝匠，这根本没有使我感到难堪。因为当我做裁缝匠的时候，我享有一个优秀裁缝匠的良好声誉，而且我特别胜任自己的工作。我总是对我的顾客热情周到，并取得了出色的业绩。"话音刚落，热烈的掌声驱散了恶意的嘲弄。

不可否认，一个人的出身对其成长的影响是很大的。在某些特定的历史条件下，对很多人来说，是龙生龙，凤生凤，老鼠的儿子会打洞，甚至是八分、九分天注定，一分、二分靠打拼。但是，随着历史的发展和社会的进步，一个人的命运越来越不取决于自己的出身，而是越来越多地取决于自己的努力。

当面对别人的嘲笑和挑衅时，聪明的总统没有觉得自卑，也没有因此而感到无地自容。他坦然地面对出身，真诚地热爱自己平凡而普通的父母，并表示出要竭尽全力地用对社会的奉献和生命的成就来报答父母的恩情，他们聪明的回答赢得了大家的尊重。

自信是自嘲的基础。不自信，不可能自嘲。你让阿Q拿自己的"癞头"自嘲，那是万万不能的，不但不能，就算你提到"灯"，他也会跟你急，轻则"怒目主义"，重则"怒骂主义"。有了自信，才敢自曝家丑。小品演员潘长江，身材矮小，但他自信，自称"袖珍男子汉"，常拿自己的身高开玩笑，一句"凡是浓缩的都是精品"，成为一种自信的象征，自嘲的标志。

大哲人苏格拉底的生活态度就非常值得我们效仿。每天清晨，邻居们都会看见赤着脚的苏格拉底走出家门，踩着晶莹的露水，跳到一块等待雕刻的大石头上，仰起头向远道而来的太阳热情地问候，向正在隐去的星星和月亮挥手告别。他无视众人怪异的眼光，披上他那破旧不堪的袍子，准备到集市上和民众们辩论，行使他"思想助产士"的义务劳动。

这时正为早餐发愁的妻子冲出来，在众人面前厉声责备丈夫，高声发着牢骚，抱怨家里米缸朝天，丈夫却天天游手好闲，不求上进。苏格拉底却不顾众人的窃笑，亲昵地拥抱一下老婆，向外边走边说："亲爱的，我去工作了，我要帮人们把思想顺利生产下来。"愤怒的妻子把一盆水泼向苏格拉底，他顿时被浇成了落汤鸡。苏格拉底像骑士一样抖抖湿透的袍子，对哈哈大笑的邻居说："看来我猜对了，电闪雷鸣过后，必有大雨倾盆。"

很多人一定会嘲笑苏格拉底是个"妻管严"，在众人面前很丢面子，殊不知这正是苏格拉底的高明之处。因为他知道自己的老婆是个"河东狮"，既然没办法改变就由她去吧。面子是什么，如果不要面子可以生活得更好，我们又何乐而不为呢？

一个自嘲的人一定是热爱生活，有生活情趣的人。如果不热爱生活，谁会去发现自己的可笑之处，怎么会觉得这可笑之处可笑，又怎么会将这可笑之处讲出来呢？

自嘲是一种美德。嘲弄他人是缺德，嘲弄自己却是美德。一个善于自嘲的人，往往就是一个富有智慧和情趣的人，也是一个勇敢和坦诚的人，更是一个将自己上上下下里里外外看得很明白的人。

自嘲还是一种鲜活的态度，它可以使原本很沉重的东西瞬间变得轻松无比，会让别人砸过来的重拳落在棉花上。

自嘲更是一种智慧。生活有时总不那么令人满意，如果我们一味地去追求完美，也许会患得患失，少了做人的乐趣。但是，如果我们换一种方式来对待生活，自己给自己一点安慰，以感恩的心情来生活，也许我们会快乐很多。

羞辱可以成就强者

羞辱是人生道路上一种伟大的力量，它不但能击溃弱者，更能成就强者。

有一个黑人小男孩，出生于一个贫寒的黑人单亲家庭，在他7岁时，他遭受到了一次极大的羞辱。

有一次老师让同学们为"社区基金"捐钱。几天后，小男孩手里攥着自己捡垃圾挣的 3 美元，激动地等待着老师叫他的名字，然后他便可以自豪地走上讲台捐出自己挣的血汗钱。但老师没念他的名字，他感到很奇怪，于是问老师为什么不叫他的名字。

老师厉声说："我们这次募捐正是为了帮助你和像你这样的穷人，这位同学，如果你爸爸出得起你 5 美元的课外活动费，你们就不用领救济了。何况，你没有爸爸……"

小男孩眼含泪水冲出了学校。羞辱让他变得坚强。从此，他拼命学习和做工。这个黑人小男孩就是当今美国著名的黑人电台节目主持人狄克·格里戈。可见，贫穷和羞辱可以摧毁人的自信，但也可以催促人奋进，就看你选择向下还是向上了。

我们应该钦佩那些勇敢者，当他们面对羞辱时，当他们用人性的执着与追求超越过那些仅停留于羞辱表面的伤害时，我们会看到他们正向另一种能够打动人心的高贵和境界进发。

所以，当你遭遇羞辱的时候，任何的反击都是疲软无力的。你只有通过加倍的努力获得成功，才是对羞辱最有效的反击。当你有一天功成名就，你就会明白，原来羞辱是人生中的一门必修课。

战国时期政治家苏秦自幼家境贫寒，温饱难继，读书自然是一件非常奢侈的事。为了维持生计和读书，他不得不时常卖自己的头发和帮别人打短工，后来又背井离乡到了齐国拜师求学，跟鬼谷子学纵横之术。

苏秦自以为学业有成，便迫不及待告师别友，游历天下，以谋取功名利禄。数年后不仅一无所获，自己的盘缠也用完了。没办法再撑下去，于是他穿着破衣草鞋踏上了回家之路。

到家时，苏秦已骨瘦如柴，全身破烂肮脏不堪，满脸尘土，与乞丐没有什么差别。落魄景象，溢于言表，令人同情。

妻子见他这个样子，摇头叹息，继续织布；嫂子见他这副样子扭头就走，不愿做饭；父母、兄弟、妹妹不但不理他，还暗自讥笑他说："按我们周人的传统，应该是安分于自己的产业，努力从事工商，以赚取十分之二的利润；现在却好，放弃这种最根本的事业，去卖弄口舌，落得如此下场，真是活该！"

此情此景，令苏秦无地自容，惭愧而伤心。他关起房门，不愿意见人，对自己做了深刻的反省："妻子不理丈夫，嫂子不认小叔子，父母不认儿子，都是因为我不争气，学业未成而急于求成啊！"

他认识到了自己的不足，又重振精神，搬出所有的书籍，发愤再读书，他想道："一个读书人，既然已经决心埋首读书，却不能凭这些学问来取得尊贵的地位，那么，书读得再多，又有什么用呢！"

于是，他从这些书中捡出一本《阴符经》，用心钻研。他每天研读至深夜，有时候不知不觉伏在书案上就睡着了。第二天醒来，却懊悔不已，痛骂自己没有用，但又没有什么办法不让自己睡着。

有一天，苏秦读着读着实在倦困难当，不由自主便扑倒在书案上，但他猛然惊醒——手臂被什么东西刺了一下。一看是书案上放着一把锥子，他马上想出了制止打瞌睡的办法：锥刺股（大腿），以后每当要打瞌睡时，他就用锥子扎自己的大腿一下，让自己猛然"痛醒"，保持苦读状态。他的大腿因此常常是鲜血淋淋，惨不忍睹。

家人见状，心有不忍，劝他说："你一定要成功的决心和心情可以理解，但不一定非要这样自虐啊！"

苏秦回答说："不这样，就会忘记过去的耻辱；唯有如此，才能催我苦读啊！"

经过"血淋淋"的一年"痛"，苏秦很有心得，写出《揣》《摩》二篇。这时，他充满自信地说："用这套理化和方法，可以说服许多国君了！"

于是苏秦开始用所得的学识和"锥刺股"的精神意志，游说六国，终获器重，挂六国相印声名显赫，开创了自己辉煌的政治生涯。

生活永远在源源不断地制造着羞辱，这是永恒的命题，没有人能一生不遭遇到羞辱，但是比这更重要的是你的态度。有些人一辈子被羞辱淹没，自暴自弃；而有些人则因羞辱而奋发，成就一番功名，这才是人生的强者。

20世纪80年代，年逾古稀的曹禺已是海内外声名鼎盛的戏剧作家。有一次美国同行阿瑟·米勒应约来京执导新剧本，作为老朋友的曹禺特地邀请他到家做客。吃午饭时，曹禺突然从书架上拿来一本装帧精美的册子，上面裱着画家黄永玉写给他的一封信，曹禺逐字逐句地把它念给阿瑟·米勒和在场的朋友们听。这是一封措辞严厉且不讲情面的信，信中这样写道："我不喜欢你解放后的戏，一个也不喜欢。你的心不在戏剧里，你失去伟大的灵通宝玉，你为势位所误！命题不巩固、不缜密、演绎分析也不够透彻，过去数不尽的精妙休止符、节拍、冷热快慢的安排，那一箩一筐的隽语都消失了……"

阿瑟·米勒后来详细描述了自己当时的迷茫："这信对曹禺的批评，用字不多却相当激烈，还夹杂着明显羞辱的味道。然而曹禺念着信的时候神情激动。我真不明白曹禺恭恭敬敬地把这封信裱在专册里，现在又把它用感激的语气念给我听时，他是怎么想的。"

阿瑟·米勒的茫然是理所当然的，毕竟把别人羞辱自己的信件裱在装帧讲究的册子里，且满怀感激念给他人听，这样的行为太过罕见，无法使人理解与接受。但阿瑟·米勒不知道的是：这正是曹禺的清醒和真诚。在这种"傻气"的举动中，透露的实质是曹禺已经把这种羞辱演绎成了对艺术缺陷的真切悔悟。此时的羞辱信对他而言已经是一笔鞭策自己的珍贵馈赠，所以他要当众感谢这一次羞辱。

心胸狭窄者把羞辱变成心理包袱，而豁达乐观者则会把它看作是"激励"的别名。所以，你应该感谢人生道路上的羞辱：是它刺激你用执着战胜了自己内心深处的失败感。感谢羞辱，你的斗志和毅力才能得以升华；感谢羞辱，你才能从羞辱中提炼出自身的短处与缺陷；感谢羞辱，你才能激励完善自我……

别把成功看得太复杂

成功很简单，而且有时越简单越成功。一个简单的想法，一个简单的理念，往往都会使你走向成功。

苏联火箭专家库佐寥夫为解决火箭上天的推力问题而苦恼万分，食不甘味。他的妻子便对他说："这有什么难的呢？就像吃面包一样，一个不够再加一个，还不够，继续增加。"库佐寥夫一听，茅塞顿开，采用三节火箭捆绑在一起进行接力的办法，终于成功地解决了火箭上天的推力难题。

在这里，成功就是想到了一个简单的数学加法。一个简单的想法，一个简单的理念，往往就会促成事情的快速成功；而过于复杂化的思想与思路，却反而会延缓解决问题的速度。

1965年，一位韩国学生到剑桥大学主修心理学。在喝下午茶的时候，他常到学校的咖啡厅或茶座听一些成功人士聊天。这些成功人士包括诺贝尔奖获得者、某一些领域的学术权威和一些创造了经济神话的人，这些人幽默风趣，举重若轻，把自己的成功都看得非常自然和顺理成章。时间长了，他发现，在国内时，他被一些成功人士欺骗了。那些人为了让正在创业的人知难而退，普遍把自己的创业艰辛夸大了，也就是说，他们在用自己的成功经历吓唬那些还没有取得成功的人。

作为心理系的学生，他认为很有必要对韩国成功人士的心态加以研究。1970年，他把《成功并不像你想象的那么难》作为毕业论文，提交给现代经济心理学的创始人布雷登教授。布雷登教授读后，大为惊喜，他认为这是个新发现，这种现象虽然在东方甚至在世界各地普遍存在，但此前还没有一个人大胆地提出来并加以研究。惊喜之余，他写信给他的剑桥校友、当时正坐在韩国政坛第一把交椅上的人朴正熙。他在信中说，"我不敢说这部著作对你有多大的帮助，但我敢肯定它比你的任何一个政令都能产生震动"。

后来这本书果然伴随着韩国的经济起飞了。这本书鼓舞了许多人，因为他们从一个新的角度告诉人们，成功与"劳其筋骨，饿其体肤""三更灯火五更鸡""头悬梁，锥刺股"没有必然的联系。只要你对某一事业感兴趣，长久地坚持下去就会成功，因为上帝赋予你的时间和智慧足够使你圆满做完一件事情。后来，这位青年也获得了成功，他成了韩国泛业汽车公司的总裁。许多事情并不是你想象中的那么难，该克服的困难，也都能克服，用不着什么钢铁般的意志，更用不着什么技巧或谋略。只要一个人还在朴实而饶有兴趣地生活着，他终究会发现，造物主对世事的安排，都是水到渠成的。

爱迪生一生共发明了电灯、电报机、留声机、电影机、磁力析矿机、压碎机等等总计2000余种东西。这些对于人类的伟大贡献的产生，都有赖于爱迪生的钻研精神和善于将复杂的事情简单化的良好心态。他从小就对很多事物感到好奇，而且喜欢亲自去试验一下，直到明白了其中的道理，并学会抓住事物的本质，用最简单的方法处理事情。

一天，爱迪生在实验室里工作，他递给助手一个没上灯口的空玻璃灯泡，说："你量量灯泡的容量。"便又低头工作了。过了一会儿，爱迪生问助手："容量多少？"他没听见回答，转头看见助手拿着软尺在测量灯泡的周长、斜度，并拿了测得的数字伏在桌上计算，爱迪生说："怎么弄得那么复杂，浪费那么多的时间呢？"他走过去，拿起那个空灯泡，向里面斟满了水，交给助手，说："把里面的水倒在量杯里，马上告诉我它的容量。"于是，助手立刻读出了数字。

简单，就是最直接、最有效的成功方式。虽然要想把一件复杂的事情搞得简单而有效，确实不是件容易的事情，但可以肯定的是，把复杂的事做简单，一定会有很多方法，可总有一个方法最简单、最实用，就像古希腊的哲人告诉我们的：要让生鸡蛋直立在桌子上，最快最简单的办法就是轻轻敲破鸡蛋壳。

德国农民卖土豆时把土豆分成大、中、小三类，这样卖比混着卖能赚更多的钱，但分土豆工作量大，却不是一件容易的事。有一户人家卖土豆时从不分拣，但也能卖好价钱。奥秘何在？原来他们先把土豆装进麻袋，然后再选颠簸不平的山路走，等到城里时，小的落在下面，大的在麻袋的上面。

柯达创始人乔治·伊士曼早在一个世纪之前就创造了一句著名的口号："只要你一按，其余我来办。"这是弃繁从简理念的最佳诠释和典型应用。我们每个人都极需把弃繁从简的成功理念深植心底，并把这个理念运用到实践中，那么，简单就可以成为我们化解心理压力的有效方法，成为走向成功的一条捷径。

今天，对于成功的渴求，已成为我们所处时代最迫切的呼声，人们对于成功的关注达到了前所未有的高度，成功的涵义被阐述得越来越深刻，尤其是成功的方法也被分解得越来越多，以至于我们变得越来越困惑，不知道哪种成功方法是最直接最有效的。无形中，对于成功的追求也成为了一种人们心理上的沉重负担。其实，我们的困惑往往都是由于我们陷入了心理上的误区——把简单的事情复杂化。为什么当我们煞费苦心、竭尽全力地去追求成功时，成功却迟迟未来？问题就出在我们把成功看得太复杂了，因而做起事情来也把原本简单的问题复杂化了，从而延缓了成功的速度，减慢了做事的效率，这正是大多数人与成功无缘的主要原因之一。所以，在竞争与挑战越来越激烈的现代社会，每个人都要学会把复杂的事物简单化。

成功并不像我们看上去的那么复杂，有时越简单越容易成功，尽管这听起来有些不可思议。我们应该让心态简单一些，把复杂的事用简单的方法去做，往往会收到意想不到的效果。

改变环境不如改变自己

当你觉得你和外在环境格格不入的时候，要改变别人、改变环境是比较困难的，这时候不如改变自己吧！

一个小男孩在他父亲的葡萄酒厂看守橡木桶。每天早上，他用抹布将一个个木桶擦拭干净，然后一排排整齐地摆放好。令他生气的是：往往一夜之间，风就把他排列整齐的木桶吹得东倒西歪。

小男孩很委屈地哭了。父亲摸着孩子的头说："孩子，别伤心，我们可以想办法去征服风。"

于是小男孩擦干了眼泪坐在木桶边想啊想啊，想了半天终于想出了一个办法，他去井边挑来一桶一桶的清水，然后把它们倒进那些空空的橡木桶里，然后他就忐忑不安地回家睡觉了。

第二天，天刚蒙蒙亮，小男孩就匆匆爬了起来，他跑到放桶的地方一看，那些橡木桶一个个排列得整整齐齐，没有一个被风吹倒的，也没有一个被风吹歪的。小男孩高兴地笑了，他对父亲说："要想木桶不被风吹倒，就要加重木桶的重量。"男孩的父亲赞许地微笑了。

是的，我们可能改变不了风，改变不了这个世界和社会上的许多东西，但是我们可以改变自己，给自己加重，这样我们就可以适应变化，不被打败。

人生如水，只能去适应环境。如果不能改变环境，就改变自己。只有这样，才能克服更多的困难，战胜更多的挫折，实现自我。如果不能看见自己的缺点与不足，只是一味地埋怨环境的不利，从而把改变境遇的希望寄托在改变环境上面，这实在是徒劳无益的。

有人发出这样的口号：你改变不了过去，但你可以改变现在；你想要改变环境，就必须改变自己。在淘金热中，利维和其他常人不同，利维从淘金这种繁重的体力劳动中发现淘金人需要结实耐用的工作服。于是，他调整思路，放弃所有人都热衷的淘金事业，立即展开以帆布为布料制成牛仔裤的生产事业，把产品卖给上述众多淘金客，从此走上了致富之路。

一个人不能时时刻刻都和环境相宜。当环境恶劣的时候，我们不是设法来应付环境，就是设法改变自己，使自己能适应环境。适应和应付不同：适应是让自己去迎合环境，往往是顺着潮流，成为识时务的俊杰。但是"识时务者为俊杰"这一句格言早已成了"不讲气节""没有操守"的别名。于是志士仁人总不肯改变自己来迁就环境，并且在积极方面还要改造环境，来迁就自己。这样一来，就变成应付环境了。

适应是一种觉悟，应付却是一种手段。为了应付往往不是以真理为前提，而是以利害为前提。眼看目前的难关过不了，就勉强委屈一下自己，以求渡过难关。这样，往往是头痛医头，脚痛医脚，一个难关过去了，就以为天下从此太平，自己可以高枕无忧。却不知道如果不能彻底觉悟，彻底改变自己，仍旧是难关重重的。

托尔斯泰说："世界上有两种人：一种是观望者，一种是行动者。大多数人都想改变这个世界，但没人想改变自己。"其实当你不能改变这个世界时，改变自己才是明智的选择！做人如水，做事如山。做人要柔和、谦和，像水一样顺势而为；做事要诚实、踏实，像山一样拔地而起。要改变现状，就得改变自己。要改变自己，就要改变自己的观念。一切成就，都是从正确的观念开始的。一连串的失败，也都是从错误的观念开始的。要适应社会，适应变化，就要改变自己。

"森林中有一个分岔口，我愿选择脚印少的那一条路，这样我的一生会截然不同。"一条路走的人多了，总会弄得泥泞不堪，总会弄得尘土飞扬。为何不换一条路走走，也许一切将会是另一种样子。把握自己的今天，那么明天绝对会更好。你不能左右天气，但你可以改变心情；你不能选择容貌，但你可以展现笑容。你对生活微笑，那么生活也对你微笑。让我们的心不再压抑，让它解脱吧。让自由的心灵飞翔，去迎接那绚丽的阳光吧！

上帝并没有创造一个标准的人

世上的每个人都如同被上帝咬过一口的苹果，他们都是有缺陷的。有的人缺陷大些，那是因为上帝特别喜欢他的芬芳。

美国第 26 任总统西奥多·罗斯福 8 岁的时候，有着一副非常"抱歉"的面孔，一副暴露在外、参差不齐的牙齿，那种畏首畏尾的神态，任谁看见了都觉得好笑。当他在教室里被老师唤起来背书时，更显得局促不安，他的呼吸急促得好像快要断气了，两腿站在那里只是发抖，嘴唇牙齿也颤动得像要脱落下来一样。他背出的句子含混不清，几乎没人听得懂；背完后，便颓然坐下，就像是身经百战、疲惫不堪的战士，突然获得了休息。

也许你以为他一定性格内向、文静怕动、神经过敏、不喜交际，常常自怨自艾，但是你完全错了，他绝不因有了种种缺陷而气馁，反而因为有了这些缺陷而加紧了他的奋斗，这种奋斗并不是谁都能做到的。他经过长期的坚持和学习，才把那常常被人鄙视的气喘改成一种沙声，他咬紧牙关制止齿唇的颤动和内心的畏缩。

但缺陷造就了罗斯福一生的奋斗精神，这无疑是他经营一生伟业最可贵的资本。绝不把自己看作一个懦弱无能的人，当他看见别的孩子在操场上嬉笑、跳跃、东奔西跑，做着种种剧烈的运动时，他也踊跃参加，从不退让。

他也能和大家一样骑马、赛球、游泳、竞走，而且常常名列前茅，成为业余的运动家。

他常常以那些坚定勇敢的孩子们为榜样，自己也常常体验冒险的精神，勇敢对付种种恶劣的环境。

当他和别人在一起时，他总是用亲密和善的态度去对待任何同伴，主动与人家接近。这样一来，他即使有着内向的自怜心理，也被自己的行动克服了。

他深知上帝从来没有创造一个标准的人，只要自己心境舒坦快乐，一切都将顺利得好像预先安排好的一般。

在他升入大学前，就经常自我鞭策，用有节律的运动和生活，恢复了他的健康。他使自己一改以前的懦弱，变成精力超众、强健愉快的人了。他常常乘假期之暇，到亚历山大去追逐牛群、到洛杉矶去捕熊、到非洲去捉狮子，他那种勇敢强壮的姿态，谁还会想到他就是曾在学校里受窘的那个小学生呢？

完美总是与缺陷共存。在我们生活的地球上，有春暖花开，鸟语花香，也有雷电轰鸣，狂风怒吼。有美丽怡人的夏威夷，风光无限的威尼斯，也有冰天雪地的两极，不断喷发的火山，惊心动魄的海啸和地震。

人的一生也一样。每个人都存在着各种不同的、或大或小的缺陷。

"一朝春尽红颜老，花落人亡两不知"，贝多芬耳聋之后，音乐创作有了质的飞越，谱写出了《英雄交响曲》这样纯精神的音乐；林黛玉葬花是何等的凄凉。然而正是因为那"花飞花谢飞满天"的景象和黛玉的悲剧，塑造了中国文学史上的伊人形象；中国的张海迪、美国的海伦，她们都有残疾，而她们并没有放弃自己，依靠自己的顽强意志奋斗拼搏，取得了令人瞩目的成绩。她们的身体是残缺的，可她们的心灵、她们的精神是完美的。她们的人生因缺陷而美丽。

缺陷既然已经属于你，你就应该正确地面对它，拥有一颗晶莹剔透、美丽善良的心。不必太在意自己身体上的缺陷，努力地做好自己该做的事，使自己更充实，更有内涵，做一个开朗、善良，并且积极进取的人。我们无法使自己外貌完美，但我们绝对有能力使自己内心完美，不会被缺陷和完美的种种所累！

再丑陋的事物也有它的美之所在，再完美的事物也有它的美中不足。穷人的孩子最大的梦想莫过于拥有几间宽敞明亮的大房子，而富商的孩子却渴望自己拥有一块绿油油的田野，他们彼此羡慕彼此的生活，却不知自己的生活是那样的美好。美是到处都有的，我们的眼睛里不是缺少美，而是缺少发现。

上帝并没有创造一个标准的人，也没有在某人身上贴标签说"这个才是标准的人"。他使人类有个别独特之分，犹如他使每一片雪花有个别独特之分一般。维纳斯女神像因为断臂而举世闻名；琥珀因为嵌有昆虫而被人们喜爱；蝙蝠视力特差，可它的嘴与耳朵特别灵敏……

不要拿"他人"的标准来衡量自己，因为你不是"他人"，也永远无法用他人的高标准来衡量自己；人世间没有绝对的完美，追求绝对的完美是不现实的，过分追求完美也是痛苦的。要相信完美是相对的，重要的是用我们自己的努力来弥补。

记得一部电影中有这样一幕，女主角问她又哑又盲的男朋友有什么优点的时候，那男孩儿快乐地指了指自己的眼睛和嘴巴，两个人都笑了，上帝的确是公平的，一个人有什么缺陷，他就一定会在其他方面比别人多一个优点，正像电影中的那个男孩儿，尽管他有些不幸，可他比任何人都坚忍，乐观，热爱生命，这又缘何不是另外一种美呢？

有缺点也是一种个性，留一点个性不好吗？不仅优点是美，缺点也是一种个性美。如果每个人都追求完美，到头来所有的人都变成同一类型的人，那么生活也就不再多姿多彩。

不要后悔失去，因为失去会让你得到更多。不要痛恨失败，因为失败也是一种动力。不要排斥缺点，缺点是个性的一种体现。不要厌弃小黑点，小黑点是珍珠的一部分，同样体现了生命的美。

上帝没有创造一个标准的人。只有正确看待人生的挫折、失败，正视自己、他人以及社会上的不足、缺陷，你的前程才会海阔天空，你眼前的世界才会一片光明！

第三章
学会调节 ——
以笑声面对残酷的命运

以笑声面对残酷的命运

以欢乐面对人生，以宽容对待别人，以笑声战胜挫折，以信心面对困难，以欣赏的目光看待每一件事物。

1954 年，当美国著名作家海明威上台接受诺贝尔文学奖时，他却谦虚地说道："得此奖项的人应该是那位美丽的丹麦女作家——嘉伦·碧森。"

海明威所说的这位丹麦女作家，就是曾经凭电影《走出非洲》获得好莱坞奥斯卡金像奖的女主人公。《走出非洲》这部电影的结尾，打上一行小小的英文字：嘉伦·碧森返回丹麦后成了一位女作家。

嘉伦·碧森（1885～1962年）从非洲返回丹麦后，不但成为一位享誉欧美文坛的女作家，而且在她去世30多年后，她和比她早出世80年的安徒生并列为丹麦的"文学国宝"。

嘉伦·碧森离开非洲的那一年，可以说是一个什么都没有的女人，有的只是一连串的厄运：她苦心经营了18年的咖啡园因长年亏本被拍卖了；她深爱的英国情人因飞机失事而毙命；她的婚姻早已破裂，前夫再婚；最后，连健康也被剥夺了，多年前从丈夫那里感染到的梅毒发作，医生告诉她，病情已经到了药物不能控制的阶段。

回到丹麦时，她可以说是身无分文，而且除了少女时代在艺术学院学过画画以外，无一技之长。她只好回到母亲那里，仰赖母亲，她的心情简直是陷落到绝望的谷底。

在痛苦与低落的状况下，她鼓足了勇气，开始在童年老家伏案笔耕。一个黑暗的冬天过去了，她的第一本作品终于脱稿，是七篇诡异小说。

她的天分并没有立刻受到丹麦文学界的欣赏，她的第一本作品在丹麦饱尝闭门羹。有的人甚至认为，她故事中所描写的鬼魂，简直是颓废至极。

嘉伦·碧森在丹麦找不到出版商，便亲自把作品带到英国去，结果又碰了一鼻子灰。英国出版商很礼貌地回绝她："夫人，我们英国现在有那么多的优秀作家，为何要出版你的作品呢？"

嘉伦·碧森颓丧地回到丹麦。她的哥哥蓦然想起，曾经在一次旅途中认识了一位在当时颇有名气的美国女作家，毅然把妹妹的作品寄给那位美国女作家。事有凑巧，那位女作家的邻居正好是个出版商，出版商读完了嘉伦·碧森的作品后，大为赞赏地说，这么好的作品不出版实在是太可惜了。她愿意为文学冒险。

1943 年，嘉伦·碧森的第一本作品《七个歌德式的故事》终于在纽约出版，并一鸣惊人，不但好评如潮，还被《这月书俱乐部》选为该月之书。当消息传到丹麦时，丹麦记者才四处打听，这位在美国名噪一时的丹麦作家到底是谁？

嘉伦·碧森在她行将 50 岁那年，从绝望的黑暗深渊，一跃而成为文学天际一颗闪亮的星星。此后，嘉伦·碧森的每一部新作都成为名著，原文都是用英文书写，先在纽约出版，然后再重渡北大西洋回到丹麦，以丹麦文出版。嘉伦·碧森在成名后说：在命运最低潮的时刻，她和魔鬼做了个交易。她效仿歌德笔下的浮士德，把灵魂交给了魔鬼，作为承诺，让她把一生的经历都变成了故事。

嘉伦·碧森把自己一生的各种经历先经过一番过滤、浓缩，最后把精华部分放进她的故事里。她的故事大都发生在 100 多年前，因为她认为，唯有这样她才能得到最大的文学创作自由。熟悉嘉伦·碧森的读者，不难在其作品中看到她的影子。

嘉伦·碧森写作初期以 Isak Dinesen 为笔名，成名后才用回本名。Isak，犹太文是"大笑者"的意思。她之所以采用这个笔名，也许是在暗示世人，以笑声面对残酷的命运。

嘉伦·碧森成为北大西洋两岸文学界的宠儿后，丹麦时下的年轻作家皆拜倒在她的文学裙下，把她当女王般看待。74 岁那年，她第一次拜访纽约，纽约文艺界知名人士，包括赛珍珠和阿瑟·米勒皆慕名而来。嘉伦·碧森为她的文学也付出了很大的代价，梅毒给她带来极大的肉体痛苦，当梅毒侵入她的脊柱时，她常痛得在地上打滚。晚年时，她变得极其消瘦、衰弱，坐立行皆痛苦不堪。

嘉伦·碧森死时 77 岁，死亡证书上写的死因是：消瘦。正如她晚年所说的两句话："当我的肉体变得轻如鸿毛时，命运可以把我当作最轻微的东西抛弃掉。"

有的人喜欢以笑声面对困苦，有的人喜欢以埋怨面对不幸。既然笑也要过生活，哭也要过生活，为什么不能让自己过得快乐一点呢？

所以，无论遭遇多大的痛苦和不幸，你都要面带微笑，勇敢面对，让自己活得快乐一点，活得精彩一点！

没有人注定不幸

没有人注定不幸，你绝对不比其他人更不幸。不要因为没有鞋子而哭泣，看看那些没有脚的人吧！绝对不要把自己想象成最不幸的人，否则，你就真正成了最不幸的人。

据说，世界上只有两种动物能达到金字塔顶：一种是老鹰，还有一种就是蜗牛。

老鹰和蜗牛，它们是如此的不同：鹰矫健凶狠，蜗牛弱小迟钝。鹰性情残忍，捕食猎物甚至吃掉同类从不迟疑。蜗牛善良，从不伤害任何生命。鹰有一对飞翔的翅膀，而蜗牛背着一个厚重的壳。它们从出生就注定了一个在天空翱翔，一个在地上爬行，是完全不同的动物，唯一相同的是它们都能到达金字塔顶。

鹰能到达金字塔顶，归功于它有一双善飞的翅膀。也因为这双翅膀，鹰成为最凶猛、生命力最强的动物之一。与鹰不同，蜗牛能到达金字塔顶，主观上是靠它永不停息的执着精神。虽然爬行极其缓慢，但是每天坚持不懈，蜗牛总能登上金字塔顶。

我们中间的大多数人都是蜗牛，只有一小部分能拥有优秀的先天条件，成为鹰。但是先天的不足，并不能成为自暴自弃的理由。因为，没有人注定命中不幸。要知道，在攀登的过程中，蜗牛的壳和鹰的翅膀，起的是同样的作用。可惜，生活中，大多数人只羡慕鹰的翅膀，很少在意蜗牛的壳。所以，我们处于社会底层时，无须心情浮躁，更不应该抱怨颓废，而应该静下心来，学习蜗牛，每天进步一点点，总有一天，你也能登上成功的"金字塔"。

高尔基早年生活十分艰难，3 岁丧父，母亲早早改嫁。在外祖父家，他遭受了很大的折磨。外祖父是一个贪婪、残暴的老头儿。他把对女婿的仇恨统统发泄到高尔基身上，动不动就责骂毒打他。更可恶的是，他那两个舅舅经常变着法儿侮辱这个幼小的外甥，使高尔基在心灵上过早地领略了人间的丑恶。只有慈爱的外祖母是高尔基唯一的保护人，她真诚地爱着这个可怜的小外孙，每当他遭到毒打时，外祖母总是搂着他，和他一起流泪。

高尔基在《童年》中叙述了他苦难的童年生活。在 19 岁那年，高尔基突然得到一个消息：他最为慈爱的、唯一的亲人外祖母，在乞讨时跌断了双腿，因无钱医治，伤口长满了蛆虫，最后惨死在荒郊野外。

外祖母是高尔基在人世间唯一的安慰。这位老人劳苦一辈子，受尽了屈辱和不幸，最后竟这样惨死。这个噩耗几乎把高尔基击蒙了。他不由得放声痛哭，几天茶饭不进。每当夜晚时分，他总是独自坐在教堂的广场上呜咽流泪，为不幸的外祖母祈祷。1887 年 12 月 12 日，高尔基觉得活在人间已没有什么意义。这个悲伤到极点的青年，从市场上买了一支旧手枪，对着自己的胸膛开了一枪。但是，他还是被医生救活了。后来，他终于战胜了各种各样的灾难，成为世界著名的大文豪。

你要明白，没有人命定不幸。你的困难、挫折、失败，其他人同样可能遇到，而其他人遇到的更大的困难、挫折、失败，你却没有遇到，你绝对不比其他人更不幸。不要因为没有鞋子而哭泣，看看那些没有脚的人吧！绝对不要把自己想象成最不幸的，否则，你就会真正成了最不幸的人。要知道，没有什么困难能够打垮你，唯一能够打垮你的就是你自己，那就是因为你把自己看作是最不幸的。

许多人常常把自己看作是最不幸的、最苦的，实际上许多人比你的苦难还要大，还要苦，大小苦难都是生活所必须经历的。苦难再大也不能丧失生活的信心、勇气。与许多伟大的人物所遭受的苦难相比，我们个人所遭到的困难又算得了什么。名人之所以成为名人，大都是因为他们在人生的道路上能够承受住一般人所无法承受的种种磨难。他们面对事业上的不顺、情场上的失意、身体上的疾病、家庭生活中的困苦与不幸，以及各种心怀恶意的小人的诽谤与陷害，没有沮丧，没有退缩，而是咬紧牙关，擦净那饱受创伤的心所流出的殷红的鲜血和悲愤的泪水，奋力抗争，不懈地拼搏，用自己惊人的毅力和不屈的奋斗精神，为人类的文明和社会的进步做出了卓越的贡献，从而成为风靡世界的名人。

人生需要的不是抱怨、自怜，而是扎扎实实、艰苦的奋斗。人是为幸福而活着的，为了幸福，苦难是完全可以接受的。

人生的苦难与幸福是分不开的。人类的幸福是人类通过长期不懈的努力而逐步得到的，这其中要经历各种苦难，这正像人们常讲的，幸福是由血汗造就的。有些人太单纯、太简单了，他们只要幸福而不要苦难。切记，拒绝苦难的人，就不可能拥有幸福。

对付烦恼有诀窍

烦恼就是因为不敢面对现实，不肯承担责任。只要能接受既成的事实，积极寻找解决问题的对策，你就不会再烦恼了。

烦恼是人类各项心理活动中最没有用处的。作家维尔·罗杰斯说过："烦恼如同摇椅，它似乎一直在忙碌，却哪儿也去不了。"烦恼解决不了问题，只会增加你的压力，使你整天忧心忡忡，无端猜忌。

卡耐基说过："其实99%的烦恼根本不会发生，是人自己造成了自己的烦恼。"我们的担忧和烦恼其实都和杞人担心天会塌下来一样，都是自寻烦恼，是没有必要的。

世上本无事，庸人自扰之。烦恼也是如此。很多时候，我们会为了生活中一些糟糕的情况烦恼不已。这也是没有必要的，想想烦恼能帮助我们解决问题吗？不能，它除了使我们的心情更加糟糕、精神更加颓废之外，毫无用处。

有这么一个年轻人，过去他一直都是充满自信、精力充沛、富有理想。但是自从在事业上出现危机后，所有这些全变了。他感到疲惫不堪，心情沮丧，只能干一些小事。他对工作失去了兴趣，一切事情都令他烦躁不安。有时他会感到自己得了严重的疾病，并且好长时间以来一直天天失眠。他根本无从理解自己怎么会变成这个样子，也不知如何是好。

当人们处于烦恼的情绪之中时，处于长时间的精神压力之下，身体会出现各种不适反应，会演变成全身性的不适，可能导致头痛，肩部、背部及胸部的疼痛。焦虑还会导致心理的变化。由于思维过度集中于烦恼的事情，以致人们总是认为事情糟糕极了，担心事情不可挽回，从而常常采取消极的态度，这种消极的态度又会给身体的变化带来恶性循环。

生理上和心理上的这些变化，又会引起行为的不正常。当一个人长期处于烦躁不安和紧张状态时，会不断地消耗他的精力使其疲惫不堪，从而更加无法处理危机情境。

你想得到一个迅速有效的消除烦恼的诀窍吗？那么，让我告诉你，威利·卡瑞尔发明了这种诀窍。

"年轻的时候，"卡瑞尔先生说，"我在纽约州的水牛钢铁公司做事时，需要到密苏里州的匹茨堡玻璃公司去安装一架瓦斯清洁机。经过一番努力，机器勉强可以使用了，然而，远远没有达到我们保证的质量。我对自己的失败感到十分懊恼，好像有人在我头上重重地打了一拳。我的胃和整个肚子都扭痛起来，烦恼得简直无法入睡。后来，我意识到烦恼不能解决问题。于是我想出了一个不用烦恼解决问题的方法，结果效果显著。

"第一步，冷静地分析整个情况，找出可能发生的最坏情况是什么——充其量不过是丢掉差事，也可能老板会把整个机器拆掉，使投下的两万块钱泡汤。

"第二步，找出可能发生的最坏情况后，就让自己能够接受它。我对自己说，我也许会因此丢掉差事，那我可以另找一份差事；至于我的老板，他们也知道这是一种新方法的试验，可以把两万块钱算在研究费用上。

"第三步，有了能够接受最坏的情况的思想准备后，就平静地把时间和精力用来试着改善那种最坏的情况。

"我做了几次试验，终于发现，如果再多花 5000 块钱，加装一些设备，问题就可以解决了。我们照这样做了，结果公司不但没有损失两万块钱，反而赚了 15000 块钱。"

你也许觉得这件事未免有些偶然吧？那么，请你再听听艾尔·汉里的故事。

他住在麻省曼彻斯特市温吉梅尔大街 52 号。

这个故事是 1948 年 11 月 17 日，艾尔·汉里在波士顿史蒂拉大饭店里讲的。

"一九二几年吧，"他说，"因为常常烦恼，我得了胃溃疡。

有一天晚上，我的胃出血了，被送进芝加哥西北大学医学院的附属医院。我的体重从 175 磅锐减到 90 磅；只能每小时吃一汤匙半流质的东西；每天早上和晚上，都要由护士把橡皮管插进我的胃里，把里面的东西洗出来。医生坦率地告诉我已经无药可救了。

"这样过了几个月。最后，我对自己说：'汉里，如果你除了等死以外再也没有别的指望了，还不如好好利用一下剩余的时间呢。你不是一直想环游世界吗？只有现在去做了。'

"当我把这个想法告诉医生时，他吃惊得以为我疯了，他警告我说，如果我环游世界，就只有葬身大海了。我说：不会的。我已经告诉了亲友，我要葬在尼布雷斯卡州老家的墓园里，我打算把棺材随身带着。

"我真的买了一具棺材，和轮船公司讲好，万一我死了，就把我的尸体放进冷冻舱里。

"我从洛杉矶上了亚当斯总统号船，开始向东方航行了。真奇怪，我居然觉得好多了！渐渐地不再吃药和洗胃；不久之后，任何东西都能吃了；甚至于可以抽长长的黑雪茄，喝几杯酒。多年来我没有这样享受过了。

"我在船上和人们玩游戏、唱歌、跳舞、交新朋友，晚上聊到半夜。

"我感到非常舒服，充满了欢乐。回到美国之后，我的体重增加了 90 磅，几乎完全忘记了以前的烦恼和病痛。我好像一生中从来没有这样开怀过。"

这就是艾尔·汉里的故事。他告诉人们，他发现自己在下意识里应用了威利·卡瑞尔征服忧虑的诀窍。

首先，他问自己，可能发生的最坏情况是什么？答案是：死亡。

其次，他让自己接受死亡。

最后，想办法改善这种情况。

他最后讲的体会是："如果上船之后继续忧虑下去，毫无疑问，我只会躺在棺材里完成这次旅行了。"

所以，如果你有了烦恼，你应该用威利·卡瑞尔的万灵公式，按照以下三点去做：

一、问你自己，可能发生的最坏情况是什么。

二、接受这个最坏的情况。

三、镇定地想办法改善最坏的情况。

接受最坏的情况，并不是悲观主义的论调，而是为了让我们的心踏实起来。烦恼就是因为不敢面对现实，不肯承担责任，所以只能盲目地摸索。只要能接受既成的事实，积极寻找解决问题的对策，你就不会再烦恼了。

帮助别人就是成全自己

在我们人生的大道上，肯定会遇到许许多多的困难。但我们是不是都知道，在前进的道路上，搬开别人脚下的绊脚石，有时恰恰是为自己铺路？

英国的爱特·威廉是一位举国皆知的大商人。但是说来奇怪，爱特·威廉创业初期的一切，竟然全是别人馈赠的。天下竟然有这样的好事？一次又一次地被人馈赠，然后成就了事业。威廉真的就是这样。

爱特·威廉20岁的时候，还是一个整日守在河边打鱼的年轻人，天地十分狭小，根本看不出他的将来会有什么辉煌的成就。一天，一位过河人求助于威廉，原来过河人的一枚戒指不慎掉进了河里。过河人急得不行，他请威廉不管怎样也要扎到船下帮他摸一摸。

谁想，爱特·威廉一个上午竟然什么也没干，反反复复一连扎到船下二十几次，但是依然没有摸到那枚戒指。爱特·威廉让过河人等等，他跑向村里，不一会儿，找来了全村的男人。他请大家帮忙，都下河去摸戒指。为了摸到这枚戒指，一村的男人竟然又花费了整整半天的工夫。

过河人事先只答应给爱特·威廉一英镑的打捞费，想不到爱特·威廉竟然请来了这么多人，用了这么多的时间。这要多少报酬才行？过河人很犯难。出乎他的意料，威廉一点都没有提报酬的事，一点没有计较这次打捞戒指的巨大成本。他只是想为过河人解决难题，打捞上戒指。仅此而已。

不久，这位过河人又路过此地，他又碰到了爱特·威廉。这时的河里已经没有多少鱼好打了。过河人对威廉说：威廉，你别打鱼了，我给你一个打气补胎的活儿，你足可以养家糊口。从那以后，威廉便有了一个在路边修补汽车轮胎的活儿。这完全是别人馈赠的。

有一天，一辆小车子停在了威廉补胎的小店前，车上人是要找一颗特别的螺丝钉，否则车就无法行驶。威廉翻遍了自己的小店，也没有找到这样的螺丝钉。但威廉并不甘心，他骑上自行车，赶了六七里路，在另一家修车店里翻找了一遍，终于找到一颗一模一样的螺丝钉。当威廉满头大汗地返回来，并将这颗螺丝钉安装在对方的车上时，对方拿出了10英镑来感谢威廉，威廉却一分钱不收。他说这是颗丢在箱底的螺丝钉，是根本没有成本的。

威廉真是太让人感动了。不久，这辆小车的主人特地赶来，给了威廉一个五金店让他代理经营。威廉很是惊讶，问对方为什么。

对方告诉威廉，威廉是这个世上他所遇到的最诚恳、最值得信任、最无私，也是最可爱的人。

威廉这一生总能碰到好运气，别人总是会馈赠于他。如今，威廉已经是英国最大的机械制造商。问起他的发家史，他总是说，他的一生，一半多都是别人赠送的。

威廉自己不知道，是他无比的诚恳、热心和爱的态度以及不计成本的奉献感动了上苍和接受过他帮助的人。

在我们人生的大道上，肯定会遇到许许多多的困难。但我们是不是都知道，在前进的道路上，搬开别人脚下的绊脚石，有时恰恰是为自己铺路？

在一场激烈的战斗中，一架敌机向阵地俯冲下来。班长发现离他四五米远处有一个小战士还站在那儿。他顾不上多想，一个鱼跃飞身将小战士紧紧地压在了身下。此时一声巨响，飞溅起来的泥土纷纷落在他们的身上。班长拍拍身上的灰土，回头一看，顿时惊呆了：刚才自己所处的那个位置被炸成了一个大坑。

故事中的小战士是幸运的，但更加幸运的是故事中的班长，因为他在帮助别人的同时也帮助了自己！

帮助别人，别人会感激你喜欢你，而你自己的心情和灵魂也在帮忙的过程中得到提升。这样的好事何乐而不为呢？

信念伴你走出困境

在生命的旅途中，我们常常会遇到各种挫折和失败，你不要轻易说自己什么都没有了，其实人生如沙漠，信念就是能带你走出沙漠的生命之舟。

有这么一个人，他从小被一对大学教授夫妇收养，两岁的时候，他突然就奇怪地停止长高了，而且他的健康状况也越来越差。经过专家会诊，他患的是一种罕见的阻碍消化和吸收食物营养的疾病，医生们认为他只能再活 6 个月了。还好，通过静脉注射营养液，勉强使他恢复了体力，但是他的生长发育受到了抑制。

他在医院里住了很长一段时间，一直到 9 岁。他只能在心里计划着去报复那些嘲笑他管他叫"花生豆"的孩子们。

多年以后，他回忆道，在他的潜意识里面，"那一切的经历让我梦想在体育上能取得一些成功"。有时，他的姐姐苏珊会去滑冰场滑冰，他总是跟着一起去。他站在场外，那么虚弱瘦小、发育不良，鼻子里还插了一根直到胃里的鼻饲管，平时那根管子的另一头就用胶带贴在他的耳朵后面。

一天，他看着他的姐姐在冰面上飞驰，突然转身对父母说："听我说，我想试试滑冰。"两个正在谈话的大人吓了一跳，难以置信地看着病弱的孩子。

结果是，他试了，他喜欢上了滑冰，他开始狂热地练习。在滑冰之中他找到了乐趣，他可以胜过别人，而且身高和体重在滑冰场上并不重要。

在第二年的健康检查中，医生吃惊地发现，他竟然又开始长个儿了。虽然对他来说想达到正常的身高已经不可能了，但是他和他的家人已经不在乎了。重要的是，他正在恢复健康，正在获得成功，正在实现自己的梦想。

后来，没有哪个孩子再嘲笑戏弄他了。正好相反，他们全都欢呼着冲上前去请他签名。他刚刚又一次参加了令人赞叹的世界职业滑冰巡回赛，一系列的高难度的冰上动作让观众如痴如狂。

目前他已经退役，不再当职业滑冰选手了，但是他仍旧是冬季运动中受人尊敬的教练、顾问和评论员。

虽然他身高只有 1.59 米，体重才 52 公斤，但是他肌肉健美，精力充沛，这就是前奥运滑冰冠军——斯科特·汉密尔顿，他自信而自强，身高无法限制他的信念和力量。

理想信念常常会产生不可预料的效果，因为在理想信念的作用下，人常会超越自身的束缚，释放出最大的能量。

1858 年，瑞典的一个富豪人家生下了一个女儿。然而不久，孩子突然患了一种无法解释的瘫痪症，丧失了走路的能力。

一次，她和家人一起乘船旅行。船长的太太给孩子讲船长有一只天堂鸟。船长太太对这只鸟的描述深深地迷住了她，她极想亲眼看一看。于是，保姆把她留在甲板上，自己去找船长。她却耐不住，央求服务生立即带她去看天堂鸟。那服务生不知道她不能行走，而只顾带着她一道去看天堂鸟。奇迹发生了：她因为过度地渴望，竟忘我地拉住服务生的手，慢慢地走了起来。从此，她的病痊愈了。也许是由于有童年时忘我而战胜疾病的经历，长大后，她又忘我地投入到文学创作之中，后来成为第一位荣获诺贝尔文学奖的女性，她就是茜尔玛·拉格萝芙。

一个人失去一只眼睛和一条健全的腿，是不可怕的，可怕的是失去了生活的信念和追求的目标。信念是生命的脊梁。一个人活着，无论外界的环境多么恶劣，只要心中信念的灯亮着，所有的绝境和困苦都算不了什么。

在一次追捕行动中，有一位年轻的警察被歹徒用冲锋枪射中左眼和右腿膝盖。三个月后，当他从医院里出来时，完全变了样：一个曾经高大魁梧、双目炯炯有神的英俊小伙子，成为一个又跛又瞎的残疾人。

鉴于他的功绩，纽约市政府和其他一些社会组织授予他许多勋章和锦旗。一位记者采访他，问道："你以后将如何面对所遭受到的厄运呢？"这位警察说："我只知道歹徒现在还没有被抓获，我要亲手抓住他！"从那以后，他不顾别人的劝阻，参与了抓捕那个歹徒的行动。他几乎跑遍了整个美国，甚至有一次为了一个微不足道的线索，独自一人乘飞机去了欧洲。

许多年后，那个歹徒终于被抓获了，那个年轻的警察在抓捕中起了非常关键的作用。在庆功会上，他再次成为英雄，许多媒体报道了他的事迹，称赞他是最勇敢、最坚强的人。然而，令人意想不到的是，这之后不久，他却在卧室里割腕自杀了。在他的遗书中，人们读到了关于他自杀的原因："这些年来，让我活下来的信念就是抓住凶手……现在，伤害我的凶手被判刑了，我的仇恨被化解，生存的信念也随之消失了。面对自己的伤残，我从来没有这样绝望过……"

　　信念经常创造奇迹，它可以使很多匪夷所思的事情变成事实。只要我们善于运用内心的信念，它就会成为一股取之不尽的力量源泉。信念是一种无坚不催的力量，当你坚信自己能成功时，你必能成功。

学会化解痛苦

　　生命是一朵常开不败的花，那痛苦必是滋润花的养分。没有经历过挫折的人生，是不完整的人生；缺少滋润它的养分的花，迟早也会枯萎。

　　哲人曾说过："跌倒了并不可怕，可怕的是你一直沉浸在痛苦之中。"

　　在漫长的人生路上你会遇到很多的痛苦，有些痛苦只是生活的插曲，而有些就像是刻在心上的烙印，影响你一生。面对痛苦，我们不能沉浸其中，而是要正视痛苦，然后用行动化解痛苦。

中国女排连续几年没能获得世界冠军，中国的女排迷们几乎对她们失去了信心。但女排的姑娘们并不消沉，她们顶着来自各方面的压力，闭门训练，终于又连续三年夺得世界冠军。她们挽回了自己的荣誉，树立了女排迷们的信心。她们正确处理了挫折与痛苦之间的关系，并没有一味地放大痛苦，而是排解痛苦，化挫折为力量，为夺冠而时刻努力着。

春天总是在寒冷的冬天之后降临，春天总是从阴冷中的一丝微风开始。

当你在痛苦中时，你就像处在寒冷的冬季，但你不要认为冬季很长，因为春天终究要到来，漫长的冬季总会过去。

周伟的一个朋友，下半身被烧伤。这是一个曾经优秀而骄傲的女人，也是一个脆弱得一碰就碎的瓷器。厄运来临的时候，她几乎疯了。下半身溃烂，散发着恶臭。男友找了个借口走了。那个人走后，她突然变得冷漠而强硬。她的伤需要每天用纱布包起来，然后再被一层层地揭掉，每天换一次药。撕的时候，全身疼痛难忍，病房里全是她痛苦的呻吟，撕到后来，连医生也不忍下手了。

这时候，她反而对医生说："没事，我来撕。"她也呻吟着，也大叫着，但她却撕得十分残忍，像在对付敌人。到后来，第10天的时候，她已可以在撕着那些包扎伤口的纱布时，没有一点痛苦的表情了。

周伟说他去看这个朋友的时候，问她是如何忍过这几乎是世间最难忍的疼痛的。

这个女人说："我哭过，我喊过，我叫过，我骂过，有用吗？这些疼痛发生在我身上，只有我可以感知到。我只有承受，因为我爱自己的生命。跟生命相比，疼痛已不重要了。对付疼痛其实很简单，我每天把这些疼分成若干个部分。我告诉自己，我只忍10分钟，10分钟过去了，我发现自己还能坚持，我就又给自己10分钟，就这样，一点点地与疼痛对抗，我就在这一寸寸的抵抗中，忘记了疼痛，活过来了。"

其实，对付痛苦，你只要像她一样，一个小时一个小时地抵抗，很快就会过去的。可以这么说，时间是对付痛苦最有效的良药。

快乐的人生，也会有痛苦。有的人能直面挫折，化解痛苦，而有的人却常常夸大挫折，放大痛苦。不一样的选择，不一样的人生之旅，而要让我们心里的戈壁荒原开满鲜花，就只有直面挫折，而不是放大痛苦。

人生只有走出来的美丽，没有等出来的辉煌，因此直面挫折、化解痛苦才是我们的最佳选择。没有必要因叶落而悲秋，也没有必要因痛苦而放弃抗争。因为一花凋零荒芜不了整个春天，一次痛苦也荒废不了整个人生。

痛苦和挫折是人生必然要遇到的难题，要想让我们心中的戈壁荒原开满鲜花，只有在遭遇挫折时排解痛苦，积蓄人生的力量为新的目标而奋斗。这样，生命之花才会常开不败，生命的存在才会有更为深刻的意义！

最不能缺少的是冷静

冲动是魔鬼。冷静使大脑清醒，使双眼敏锐，使举动合理，使心灵明净，让你受益无穷。只有冷静的人才会更准确地做出判断，只有冷静的人才懂得理解他人，只有冷静的人才不会轻易地伤害身边的人。

什么样的人是美国青少年心中的楷模？这个问题的答案千奇百怪。然而，在当今的美国，却有一种传统形象赢得了大多数人的认可。20世纪90年代，一个美国青年成为美国，特别是美国青少年心中的楷模。为什么会如此呢？一位学者做了概括：人们除了佩服汤姆森的勇气和忍耐力外，还佩服他的冷静。

18岁的约翰·汤姆森是一位高中学生，他住在北达科他州的一个牧场。1992年1月11日，他独自在父亲的农场里干活。当他在操作机器时，不慎在冰上滑倒了，他的衣袖绊在机器里，两只手臂被机器切断。

汤姆森忍着巨痛跑到400米外的一座房子，他用牙齿打开门闩。他爬到电话机旁边，但是无法拨电话号码。怎么办？他用嘴咬住一支笔，一下一下地拨动，终于打通了他表兄的电话。表兄马上通知了附近的有关部门。

明尼阿波利斯州的一所医院为汤姆森进行了断肢再植手术。他住了一个半月的医院，便回到自己的家里。不久，他能微微抬起手臂，做一些简单动作。于是，他回到学校上课，他的全家和朋友们为他感到自豪。

汤姆森的故事还有这样一个细节：他把断臂伸在浴盆里，

为了让血不白白流走。当救护人员赶到时，他被抬上担架。临行前，他冷静地告诉医生："不要忘了把我的手带上。"

汤姆森因为冷静不但挽救了自己的性命，还免于失去双臂。在生死攸关的时候能保持这样的冷静，的确难能可贵。人若拥有冷静的头脑，不但可以让自己避免犯一些不必要的错误，更能赢得他人的尊重。

无论是我们低估或高估自己的力量，都会做出错误的判断，从而影响我们的工作和生活。这个世界上，最了解你的人不会是别人，而是你自己。所以，保持冷静的头脑就成为人生成功的关键。

如果你还不能够做到保持冷静，那么建议你看看大仲马的《基督山伯爵》这本书。看完了，你就可以体会什么是冷静：当一个被诬陷而身陷牢狱 10 多年的人获得自由的时候，当他面对昔日的恩人和仇人的时候，他不是激动地进行了快意的恩仇了结，而是冷静思考，从关键入手，用最完美的方式给予恩人最值得欢欣的回报，用最打击人的方式给予仇人今生都不会忘记的痛苦与悔恨。相信你可以在这本书里，明白什么才是真正的冷静。

冷静使大脑清醒，使双眼敏锐，使举止合理，使心灵明净，使心态平和，让你受益无穷。只有冷静的人才会更准确地做出判断，只有冷静的人才懂得理解他人，只有冷静的人才不会轻易地伤害身边的人。

当你开始关心身边的每一个人，宽容犯了错误的人，尊重他们，完全融入每一个人所创造的温暖，感悟身边的每一缕爱意，无私地伸出自己的友爱之手……这时，脑总是清醒的，眼总是明亮的，心总是宁静的，你就会冷静。

失败了不要紧，再试一次

最成功的人，往往是那些勇于尝试、播撒种子最多的人。所以，失败了不要紧，再试一次，或许就会有转机。

如果仔细观察，你就会发现：每棵苹果树上大概有 500 个苹果，每个苹果里平均有 10 颗种子。通过简单的乘法，我们得出这样的结论：一棵苹果树有大约 5000 颗种子。你也许会问，既然种子的数目如此可观，为什么苹果树的数量增加不是那么快呢？

原因很简单，并不是所有的种子都会生根发芽，它们中的大部分会因为种种原因而半路夭折。在生活中也是如此，我们要想获得成功、实现理想，就必须经历多次的尝试。这就是"种子法则"。

参加 20 次面试，你才有可能得到一份工作；组织 40 次面试，你才有可能找到一个满意的雇员；跟 50 个人逐个洽谈后，你才有可能卖掉一辆车、一台吸尘器或是一栋房子；交友过百，运气好的话，你才有可能找到一个知心好友。

所以，最成功的人，往往是那些勇于尝试、播撒种子最多的人。

一鸣惊人、一举成功的事，在这个世界上并不多见。更多的成功在于人们坚定的信念和勤奋的工作。好的创意的实现还要靠锲而不舍的努力尝试才能成功。所以，如果你遭遇失败，千万不要放弃，也许只要多试一次，事情就会大有改观。

葛林·康汉宁，曾经被烧成重伤，并且被医生宣告：他以后只能靠轮椅度日了。可是，他创造了奇迹，他竟然能够健步如飞，并且跑出了世界最好成绩。为了实现站起来的愿望，他付出了巨大的努力。他一次又一次地试下去，实在令人感动。朋友们，我们应该向葛林·康汉宁学习。在困难面前，不要放弃，一定要咬紧牙关，坚持，坚持，再坚持。也许，就在一次次的坚持之下，我们的梦想变成了现实。无论如何，像葛林·康汉宁那样，再试一次吧！

在一场火灾中，一个小男孩儿被烧成重伤。医院全力以赴挽救了他的生命，但他的下半身却变得毫无行动能力，没有任何知觉。医生悄悄地告诉他的妈妈，孩子以后只能靠轮椅度日了。

出院以后，妈妈每天都推着他在院子里转一转。

有一天，天气十分晴朗，妈妈推着他到院子里呼吸新鲜空气，后来妈妈有事暂时离开了。天空是如此的美丽，蓝得好似水洗过一般。风儿轻柔地吹着，草地上盛开着各色的小花。男孩儿的心如同从沉睡中醒来，一股强烈的冲动自他的心底涌起：我一定要站起来！他奋力推开轮椅，然后拖着无力的双腿，用双肘在草地上匍匐前进。一步一步地，他终于爬到了篱笆墙边；接着，他用尽全身力气，努力抓住篱笆墙站了起来，并且试着扶住篱笆墙行走。未走几步，汗水从额头淌下。他停下来喘口气，咬紧牙关，又拖着双腿再走，一直走到篱笆墙的尽头。

每一天，他都要抓紧篱笆墙练习走路。可一天天地过去了，他的双腿始终无力地垂着，没有任何知觉。他不甘心困于轮椅的生活，紧握拳头告诉自己，未来的日子里，一定要靠自己的双腿来行走。终于，在一个清晨，当他再次拖着无力的双腿紧扶着篱笆墙行走时，一阵钻心的疼痛从下身传了过来。那一刻，他惊呆了——自从烧伤之后，他的下半身再也没有任何知觉。他怀疑是自己的错觉，又试着走了几步。没错，那种钻心的疼痛又一次清晰地传了过来。他的心狂喜地跳动着。在他不懈地努力下，他的下肢开始恢复知觉了。他一遍又一遍地走着，尽情地享受着别人避之唯恐不及的钻心般的痛楚。

　　自那以后，他的身体恢复得很快。先是能够慢慢地站起来，扶着篱笆墙走几步；渐渐地他便可以独立行走了。最后有一天，他竟然在院子里跑了起来。至此，他的生活与一般的男孩子再无两样。他读大学的时候，还被选进了田径队。当他健步如飞时，没有人知道他曾经是一个被医生宣告要终身与轮椅为伴的孩子。

　　他就是葛林·康汉宁，他曾经跑出过全世界最好的成绩。

　　很多事情都是这样，往往再试试，就会有意想不到的收获。令人感到遗憾和悲哀的是，面对一而再、再而三的失败，多数人选择了放弃，没有再给自己一次机会。

　　现在大家都知道电话是贝尔发明的。其实发明电话的大量工作是爱迪生等科学家完成的，贝尔所做的仅仅是将电话中的一个螺母转动了1/4周。为此他们打了一场著名的官司。法院最后将电话的发明权判给了贝尔。法官说：虽然爱迪生等科学家做了大量工作，但他们认为电话不能实际应用，而最终放弃了。可贝尔没有放弃。他将螺母转动了 1/4 周，改变了电流幅度，让电话有了实际用途，所以电话的发明权应属于贝尔。爱迪生等发明家的失败距离成功有多远呢？仅仅只是将一个螺母转 1/4 周。

坚持到底，绝不轻易放弃

衡量力量与勇气不能只看胜利和奖章，更重要的标准是我们克服的困难。真正的强者不一定是取得胜利的人，但一定是面对失败决不放弃的人。

安德鲁·杰克逊的儿时伙伴们都无法理解他为什么会成为名将，最终还能当上美国总统。他们认识的人当中，许多人比杰克逊更有才能，却一事无成。杰克逊的一位朋友曾说："吉姆·布朗和杰克逊住在一条街上，他不仅比杰克逊聪明，而且摔跤比赛四场能赢杰克逊三场。凭什么杰克逊混得这么好？"

别人问："为什么会有第四场比赛？一般不是三局两胜吗？"

"的确，比赛应该是结束了，但是安德鲁不肯。他从来不肯承认自己输了，一定要赢回来才算完。最后吉姆·布朗没了力气，第四场安德鲁就赢了。"

当你被摔倒在地，你会不会爬起来再战，直到取得胜利？安德鲁拒绝接受失败，正是这不屈不挠的精神造就了他日后的辉煌。

1882 年，26 岁的考拉尔来到斯特林镇，在一所学校做老师。考拉尔酷爱读书，但他发现，偌大的斯特林镇居然没有一家像样的、专门的书店，书只有在百货商店才能偶尔零星地见到。考拉尔灵机一动，自己为什么不开一家书店呢？这样，既满足了自己读书的需求，赚了钱还可以补贴家用，何乐而不为？

考拉尔把自己的想法跟新婚妻子说了，妻子也非常赞成。于是没多久，考拉尔的名为"思想者"的书店就在斯特林镇开张了。

可是，书店的生意并没有考拉尔想象的那么好。连续几个月，书店几乎没人进来。考拉尔安慰自己，毕竟书店刚开张，生意不好也是正常的，贵在坚持，几个月不行就坚持半年，半年不行就坚持一年，甚至两年，生意总有做起来的时候。即使亏了，反正自己还要买书看，就当是自己藏书了。

抱着这种想法，考拉尔坚持了下来。

可生意还是不景气，书店经常是入不敷出。好在考拉尔和妻子都有一份工作，他们把大部分收入补贴到了书店里。很多人劝他们关门大吉。但这时，考拉尔的思想发生了巨大的转变，从原来单纯的经营，转变为呼吁和彰扬文明而经营。他说："书店是一个城市文明的象征，是人们寻求知识的重要地方，不管书店生意如何，我都要永远开下去！"

考拉尔言出如山，一年又一年，他居然真的坚持了下来，即使在战争时期，在政局动荡时期，"思想者"依然坚持每天开门迎客。

1948 年，考拉尔在他的书店里去世，享年 92 岁。考拉尔的孙子继承了他的书店。考拉尔临终前留下遗言："无论如何，都要把'思想者'开下去。"考拉尔的孙子遵从了祖父的话。好在那时斯特林镇改镇为市，人口越来越多，城镇面积越来越大，书店的生意也还可以养家糊口。

"思想者"的辉煌出现在 2004 年。这一年斯特林市参加全球 50 个文明城市的竞选，在激烈的竞争中，斯特林市渐落下风。这时，有人向市长提到了"思想者"，市长眼睛顿时一亮。当他把"百年老书店"的旗号打出去后，斯特林市果然过关斩将，不但入选，而且名次进入前十。

一时间，考拉尔和他的"思想者"名扬四海。来自世界各地的书友、游客以及信函纷至沓来。这时的"思想者"，不但是家大型书店，而且成为一个著名的旅游景点，来这里的人都要买几本盖着"思想者"销售戳的书回去。"思想者"的年销售额上升到了几百万美元，为考拉尔家族带来了滚滚财富，这还不包括那些 100 多年前的全新的库存书，那已经成为收藏家追捧的宝藏。

2006 年，考拉尔的曾曾孙接手了"思想者"，他对书店 100 多年的经营做了详尽的调查统计。他发现，在考拉尔经营的 66 年间，赚钱的年份为 9 年，持平的年份为 17 年，其余的 40 年都在亏损。

考拉尔的曾曾孙动情地说："面对这样的经营，不知道有几个人能够坚持？我无法想象我的曾祖是如何度过那段岁月的，就像他绝对没想到今天他的书店会发财。事实上，他只是在一个思想贫瘠的时代，为文明而苦苦坚守！"

世上的事情都是如此，只要方向对了，不管其间的经历有多么艰难和不顺，你都要坚持下去。往往，再多一点努力和坚持便可以收获到意想不到的成功。所以无论何时，我们都应该信心百倍地去全力争取人生的幸福和成功，坚持到底，绝不轻易放弃。

再苦也不能失去希望

人生可以失去很多东西，却绝不能失去希望。只要心存希望，总有奇迹发生，希望虽然渺茫，但它永存人间。

美国作家欧·亨利在他的小说《最后一片叶子》里讲了个故事：病房里，一个生命垂危的病人从房间里看见窗外的一棵树，在秋风中树叶一片片地掉落下来。病人望着眼前的萧萧落叶，身体也随之每况愈下，一天不如一天。她说："当树叶全部掉光时，我也就要死了。"一位老画家得知后，用彩笔画了一片叶脉青翠的树叶挂在树枝上。最后一片叶子始终没掉下来。

只因为生命中的这片绿，病人竟奇迹般地活了下来。

人生可以失去很多东西，却绝不能失去希望。只要心存希望，总有奇迹发生，希望虽然渺茫，但它永存人间。所以，当你遇到困境的时候，你一定要相信你自己，给自己希望，这样才能柳暗花明，走出困境。

有两个盲人靠说书弹弦谋生，老者是师傅，幼者是徒弟。徒弟整天唉声叹气，也无法学好手艺。因为眼盲，他甚至常常失去生活的勇气。一天，师傅病了，在临终前，他对徒弟说："我这里有一张复明的药方，我将它封进你的琴槽中，当你弹断1000根琴弦的时候，你才能取出药方。记住，你弹断每一根弦时必须是尽心尽力的。否则，再灵的药方也会失去效用。"徒弟牢记师傅的遗嘱，他一直为实现复明的梦想而弹弦不止。

50年过去了，徒弟已皓发银须，一声脆响，徒弟终于弹断了第1000根琴弦，他直向城中的药铺赶去。当他满怀期望地等着取回草药时，掌柜的告诉他，那是一张白纸。他明白了师傅的用意，他学到了手艺，这就是药方，有了手艺他就有了生存的勇气。他努力地说书弹弦，成了名艺人，受人尊敬。直到95岁高龄时，他才抱着三弦含笑告别人世。

前途比现实重要，希望比现在重要。任何时候，都不应该放弃希望，因为它是创造成功、创造未来的"点金石"。

人生不能没有希望，所以无论我们身陷怎样的逆境，我们都不应该绝望。失望时萌生希望，能驱散心中的浓雾，拥抱一片湛蓝的晴空。让我们带着希望生活，活出一个最好的自己。

只要把希望种在心里，即使一粒最普通的种子，也能长出奇迹！

培植出白色的金盏花非常困难，让专家都望而却步，而一位不懂遗传学的老人却取得了成功。这是为什么呢？且往下看这个故事。

当年，美国一家报纸曾刊登了一则园艺所重金悬赏征求纯白金盏花的启事，一时引起轰动。高额的奖金让许多人趋之若鹜。但是，在千姿百态的自然界中，金盏花除了金色的，就是棕色的，能培植出白色的，不是一件容易的事。所以许多人一阵热血沸腾之后，就把那则启事抛到了九霄云外。

　　时间一晃就是20年。20年后很平常的一天，当年那家曾刊登启事的园艺所意外地收到了一封热情的应征信和100粒"纯白金盏花"的种子。当天，这件事就不胫而走，引起轩然大波。原来寄种子的是一位年已古稀的老人。对信中言之凿凿能开出纯白金盏花的种子，园艺所一直举棋不定，该不该验证一时成了争论的焦点。有人说，绝不应该辜负了一位老人的心意。那些种子终于得以落土生根。奇迹是在一年之后才出现的，一大片纯白色的金盏花在微风中摇曳生韵。

　　一直默默无闻的老人因此成了新的焦点。原来，老人是一个地地道道的爱花人。20年前，她偶然看到那则启事，怦然心动。她的决定却遭到她8个儿女的一致反对。毕竟，一个压根儿就不懂种子遗传学的人是很难完成专家都不能完成的事，她的想法岂不是痴人说梦！老人痴心不改，义无反顾地干了下去。她撒下了一些最普通的种子，精心侍弄。一年之后，金盏花开了。她从那些金色的、棕色的花中挑选了一朵颜色最淡的，任其自然枯萎，以取得最好的种子。次年，她又把它们种下去。然后，再从许多花中挑选出颜色更淡的花的种子栽种……日复一日，年复一年，春种秋收，周而复始，老人的丈夫去世了，儿女远走了，生活中发生了很多的事，但唯有种出白色金盏花的愿望在她的心中牢牢地扎下了根。终于，在20年后的一天，她在园中看到一朵金盏花，是如银如雪的白。一个连专家都解决不了的问题，在一个不懂遗传学的老人手中迎刃而解，这不是奇迹吗？

漫漫人生，难免会遇到荆棘和坎坷，但风雨过后，一定会有美丽的彩虹。所以，任何时候你都要抱乐观的心态，都不要丧失希望。要知道，失败不是生活的全部，挫折只是人生的插曲。虽然机遇总是飘忽不定，但只要你坚持，保持乐观，你就能永远拥有希望。即使一生不如意，但有希望相伴也是幸福。

改变人生就在一念间

生活中，只要你肯留心用心，处处皆智慧，皆财富。而发现生活中的智慧和财富却是再简单不过的，只要你有一颗热爱生活的心。

在滑铁卢战场上，拿破仑与英军展开激烈的鏖战。双方相持不下，损失惨重。此时，拿破仑最需要的是一支增援部队。

不远处，就有这样一支部队。它的统帅是格鲁希元帅，这位忠心耿耿、循规蹈矩的元帅手中统制着全国 1/3 的军队。他的任务是，战斗打响之后追击普鲁士军队，防止普鲁士军队与英军会合，同时必须与主力部队保持联系。

格鲁希并未意识到拿破仑的命运掌握在他手中，他只是遵照命令于 6 月 17 日晚间出发，按预定方向去追击普鲁士军。但是，敌人始终没有出现，被击溃的普军撤退的踪迹也始终没有找到。

隆隆的炮声从远方传来。副司令热拉尔急切地要求："立即向开炮的方向前进！"几个军官用印第安人的姿势伏在地上，已辨别出开炮的方向。所有的人都毫不怀疑，拿破仑已经向英军发起攻击了。传来炮声的地方，正是拿破仑所在的位置，而兵稀将少的拿破仑急需增援。

可是，格鲁希犹豫了。他习惯于唯命是从，在他的意识中，拿破仑的命令至高无上。拿破仑的命令是让他——追击撤退的普军。

将士们仰望着他，等待他最后的命令，一个即将决定法兰西未来命运的决定。热拉尔甚至提出自己可以带一师人马和若干骑兵分兵驰援。格鲁希答应考虑，然而他考虑了一秒钟，仅仅只考虑了一秒钟，便做出了决定，答案是——不。因为在他的意识中，"追击普军"始终主宰着他的思维。

一秒钟，决定了他的命运、拿破仑的命运和整个欧洲的命运。后来，在溃败如暴雨倾泻时，拿破仑怒问苍天："格鲁希在哪里，他究竟待在什么地方？"

人们往往把命运交给漫长的一生去隐忍和磨砺。平淡的时光犹如暗夜长彻，唯有那决定性的一瞬，像闪电撕破夜幕，照亮无边的黑暗。那闪耀的一秒钟，它开启智慧，辨别方向，决定成败。然而，这样的一秒钟为数不多且稍纵即逝。你为它做好准备了吗？也许，一个念头就能改变人生。

2001 年的春天，一个从北京郊区来的农民游客，受朋友之托，在韩国的一家超市买了四大袋约 30 斤的泡菜。在回旅馆的路上，身材魁梧的他渐渐感到手中的塑料袋越来越重，勒得手生疼，他想把袋子扛在肩上，又怕弄脏了新买的西装。正当他左右为难之际，忽然看到了街道两边茂盛的绿化树，顿时计上心来。他放下袋子，在路边的绿化树上折了一根树枝，准备用它当作提手来拎沉重的泡菜袋子。不料，正当他为自己的"小发明"沾沾自喜时，便被迎面走来的韩国警察逮了个正着。他因损坏树木、破坏环境的"罪行"，被韩国警察毫不客气地罚了50美元。50美元，相当于400多元人民币啊！这在国内能买大半车泡菜啊！他心疼得直跺脚，几欲争辩，无奈交流困难，只能认罚作罢。

交完罚款，他懊恼地继续赶路，除了舍不得那50美元之外，更觉得自己让韩国警察罚了款，是给中国人丢了脸。越想越窝囊，他干脆放下袋子坐在路边，看着眼前来来往往的人流。他发现其实路人中有不少和他一样，气喘吁吁地拎着大大小小的袋子，任凭手掌被勒得发紫而无计可施，有的人坚持不住还停下来揉手或搓手，他们吃力的样子竟让他觉得有点好笑——为什么不想办法搞个既方便又不勒手的提手来拎东西呢？对啊，发明个方便提手，专门卖给韩国人，一定有销路！想到这儿，他的精神为之一振，暗下决心：将来一定要找机会挽回这50美元罚款的面子。

回国之后，他不断想起在韩国被罚50美元的事情和那些提着沉重袋子的路人，发明一种方便提手的念头越来越强烈，于是他干脆放下手头的活计，一头扎进了方便提手的研制中。根据人的手形，他反复设计了好几种款式的提手，为了试验它们的抗拉力，又分别采用了铁质、木质、塑料等几种材料，然而，总达不到预期的效果，一段时间内，他几乎要丧失信心了，但一想到在韩国那令人汗颜的50美元罚款，他又充满了斗志。

几经周折，产品做出来了，他请左邻右舍试用，这不起眼儿的小东西竟一下子得到了邻居的青睐，有了它买米买菜多提几个袋子也不觉得勒手了。后来，他又把提手拿到当地的集市上推销，可看的人多，买的人少，这怎么成呢？他急得直挠头，还是妻子提醒了他，把提手免费送给那些在街头拎着重物的人使用。别说，这招可真奏效，所谓眼见为实，小提手的优点一下子就体现出来了。一时间，大街小巷到处有人打听提手的出处，小提手出名了！

但他的发明最终的目标市场是韩国，试验的成功增加了他将这种产品推向市场的信心，他很快申请了发明专利。接着为了能让方便提手顺利打进韩国市场，他决定先了解韩国消费者对日常用品的消费心理。经过反复的调查、了解，他发现韩国人对色彩及样式十分挑剔，处处讲究包装，只要包装精美、做工精良，价格是其次的。他决定"投其所好"，针对提手的颜色进行了多样的改造，增强视觉效果，而后又不惜重金聘请了专业包装设计师，对提手按国际化标准进行细致的包装。对于他如此大规模的投资，有不少人投以怀疑的眼光，不相信这个小玩意儿真能搞出什么大名堂。可他坚信一个最通俗的道理："舍不得孩子，套不住狼。"这一回他横下一条心，豁出去了！

功夫不负有心人，经过前期大量市场调研和商业运作、推广，一周后，他便接到了韩国一家大型超市的订单，以每只0.25美元的价格，一次性订购了120万只方便提手，折合人民币价值200多万元！那一刻他欣喜若狂。

这个靠简单的方便提手征服韩国消费者的人叫韩振远，凭一个不起眼的灵感，一下子从一个普通农民蜕变成一位百万富翁，而这个变化他用了还不到一年时间，而这仅仅是个开始。有人问他成功的经验是什么，他说，这是用 50 美元买来的。而 50 美元带来的不仅是财富，更是无穷的智慧。不错，正是这 50 美元的罚款让他发现了灵感。可世界上每天被罚款的人很多，却罕有被罚出成就的，也许他们认为自己失去的只是金钱，却不知其中或许还蕴藏着财富。

其实，生活中，只要你肯留心用心，处处皆智慧，皆财富。而发现生活中的智慧和财富却是再简单不过的，只要你有一颗热爱生活的心。

可以不成功，但一定要成长

生活中很多东西是难以把握的，但是成长是可以把握的。也许我们再努力也成为不了刘翔，但我们仍然能享受奔跑。可能会有人妨碍你的成功，却没人能阻止你的成长。换句话说，这一辈子你可以不成功，但是不能不成长。

人生旅途中，似乎不总是那么一帆风顺、如愿如期，总有一些或多或少的困难与挫折，家家有本难念的经嘛！既然上天给了我们一次锻炼与考验的机会，那我们又何必那么吝啬，畏首畏尾，退避三舍呢？与其在那儿蜷缩手脚、闷闷不乐，倒不如在逆境中顽强拼搏，急流勇退。或许我们能改变现状，毕竟是"山重水复疑无路，柳暗花明又一村"，天无绝人之路。当老天为你关闭这扇窗，必定也为你打开了另一扇窗，只是你缺少睿智的眼睛。

一位父亲很为他的孩子苦恼。因为他的儿子已经十五六岁了，可是一点男子气概都没有。于是，父亲去拜访一位禅师，请他训练自己的孩子。

禅师说："你把孩子留在我这边，3个月以后，我一定可以把他训练成真正的男人。不过，这3个月里面，你不可以来看他。"父亲同意了。

3个月后，父亲来接孩子。禅师安排孩子和一个空手道教练进行一场比赛，以展示这3个月的训练成果。

教练一出手，孩子便应声倒地。他站起来继续迎接挑战，但马上又被打倒，他就又站起来……就这样来来回回一共16次。

禅师问父亲："你觉得你孩子的表现够不够男子气概？"

父亲说："我简直羞愧死了！想不到我送他来这里受训3个月，看到的结果是他这么不经打，被人一打就倒。"

禅师说："我很遗憾你只看到表面的胜负。你有没有看到你儿子那种倒下去立刻又站起来的勇气和毅力呢？这才是真正的男子气概啊！"

不断地倒下，再不断地爬起，正是在这种磕磕碰碰中我们成长了。故事中男子汉的气概并不是表现在我们跌倒的次数比别人少，而是在于，每次跌倒后，我们都有爬起来再次面对困难的勇气和不达目的誓不罢休的毅力。

每个人都在成长，这种成长是一个不断发展的动态过程。也许你在某种场合和时期达到了一种平衡，而平衡是短暂的，可能瞬间即逝，不断被打破。成长是无止境的，生活中很多东西是难以把握的，但是成长是可以把握的，这是对自己的承诺。也许我们再努力也成为不了刘翔，但我们仍然能享受奔跑。可能会有人妨碍你的成功，却没人能阻止你的成长。换句话说，这一辈子你可以不成功，但是不能不成长。

抑郁症、躁郁症正威胁着现代人，仍有许多人无法坦然面对。但有谁想得到，曾两度夺得香港电影金像奖最佳导演的尔冬升原来也曾受抑郁症的折磨。不过，他就是从那时开始才学会成长，从而一步步走向成熟，拍出了《旺角黑夜》这样成功的电影。

面对激烈的竞争、种种挑战和痛苦，我们唯一能做的就是迅速充实自己，成长起来，只有这样，才不会被各种困难和挑战击倒。

在逆境中学会成长，姑且看成是上天对我们"特别"的关怀，对我们的怜悯与施舍，我们也应做出成绩，做出榜样。在逆境中提升人格的力量，磨砺性格的力量，增强信念的力量，最后交织融合，升华自己生命的力量。

逆境不但不会把人打倒与压垮，反而能让人的潜能最大限度地迸发出来，创造出乎预料的奇迹。"文王拘而演《周易》；仲尼厄而作《春秋》；屈原放逐，乃赋《离骚》；左丘失明，厥有《国语》；孙子膑脚，兵法修列；不韦迁蜀，世传《吕览》；韩非囚秦，《说难》《孤愤》；《诗》三百篇，大抵圣贤发愤之所作也。"张海迪、霍金……他们都是在困难挫折面前，顽强奋发，自力更生，最终战胜磨难，实现了个人的价值。是啊！不经历风雨怎能见彩虹，"不经一番寒彻骨，哪得梅花扑鼻香"。逆境在某种程度上能造就我们的成功。

允许自己犯错，学会在逆境中成长，我们的羽翼会更加丰满，便能飞向天涯海角；我们的心胸会更加宽广，便能容纳百川，吸吮万千；我们的双臂会更加结实与厚重，便能承载千山万水、艰浪险滩。

第四章

学会坚强 ——
任何时候都不应该绝望

一切都会好起来的

人生并非处处顺利平坦、尽是莺歌燕舞，总是伴随着几多不幸、几多烦恼。一旦遭遇不顺和困难，你必须学会坚强，因为一切都会慢慢好起来的。

一切都会好起来的。这句话很简单，却很有道理。即使你的眼前有许多的不顺利，但一定要坚强，因为一切都会慢慢好起来的。

确实，人生并非处处顺利平坦、尽是莺歌燕舞，总是伴随着几多不幸、几多烦恼。一旦遭遇不顺和困难，你必须学会坚强，因为一切都会慢慢好起来的。

现在说起梅西，估计没有几个人不认识他。

20 岁的梅西身高 169 厘米，体重 68 千克，被人们认为是又一个马拉多纳的化身。马拉多纳对这位小老乡的评价是："梅西是一位天才球员，前途不可限量。"

梅西 12 岁时来到巴塞罗那，在青年队中锤炼五年后进入一线队，他在 2004 年的南美青年锦标赛上打进 7 球而成为最佳射手。现在，他和小罗已经成为巴塞罗那队边路最活跃的棋子。某些时候，梅西的光芒甚至盖过了世界足球先生小罗，毫无疑问，巴塞罗那和阿根廷的未来，属于梅西。

但是你绝对不知道，梅西也曾经有过一段痛苦的往事。作为一个天才球员，他差点儿因为身体条件的原因而被埋没了。

1987 年 6 月 24 日，在阿根廷圣塔菲尔省的罗萨里奥中央市，继两个哥哥之后，梅西降生了。这个穷人家的孩子，身体孱弱，妈妈无暇照顾弱小的梅西，只得把他寄养在辛迪亚家，两人从幼儿园到小学一直在一起，辛迪亚见证了梅西童年所有的艰辛和欢乐，而梅西也把辛迪亚当成这个世界上唯一可以倾诉的人。

作为梅西最痴心的球迷，辛迪亚珍藏着梅西代表各个俱乐部为其效力时穿过的各种款式的球衣，这是梅西把自己多出来的一套送给小女孩儿的。辛迪亚总是坐在高高的看台上，看着她的英雄演出，她比任何人都更早而且更坚定地相信着梅西的足球天赋。那是一段多么幸福的时光。可惜美好的光阴总是容易逝去，11 岁的梅西被查出患有荷尔蒙生长素分泌不足，这将影响他骨骼的健康发育，也就是说，他将在 1.4 米的高度停滞不前。纽维尔斯老男孩俱乐部不想再为还未成名的梅西掏出每月

800 美元的治疗费用，梅西只能和父亲远赴他乡，去西班牙求助。那是在最后一场比赛后绝望的辞行，13 岁的梅西抱着辛迪亚号啕大哭，而辛迪亚抱着他说："不哭不哭，坚强点儿小不点儿，坚强点儿小不点儿，一切会好起来的。"

情况真的好了起来，他通过治疗长到了近 1.7 米，并在巴塞罗那如鱼得水，天赋尽显，无论是里杰卡尔德的肯定，还是其他教练的赞誉，甚至马拉多纳也亲自给他打电话进行鼓励，这都在向全世界发布一个信息：梅西已经与从前大不相同。小罗说："只有梅西才能骑在我的背上，我们是好兄弟。"

现在的梅西，因为足球集万千宠爱于一身，媒体、教练、队友、球迷把他当明星、孩子、兄弟、偶像般看待。但是在他内心里，他永远都忘不了辛迪亚在他耳边说"坚强点儿小不点儿，一切会好起来的"。

任何时候都不应该绝望

只要不绝望，就一定有出路。有时候，创造奇迹的不是巨人，也许只是心中埋藏的希望。

美国电视台开展的极限节目，因为魔鬼般的难度，让人看得心惊肉跳，吸引了千百万观众。每期六个人中，必定要有一个胜出，奖金额最少 50 万美元，诱惑巨大。

极限运动的宗旨就是把不可能的事变为可能。每次挑战，都有一项是人与虫子为伍的内容。举办人把丑陋的爬虫放在玻璃缸里。挑战者伸进头去，让这些虫子爬满自己的脸……据说此项挑战，比攀岩绝壁、蹦极更让人胆怯。

其中非洲大蛹是最难看、最丑陋、最令人恐惧的爬虫，它浑身是毛，口吐黏液。300只这样的恶虫在玻璃缸里一起蠕动，别说让人把头伸进缸里，就是看一眼都毛骨悚然。结果所有的参与者都拒绝了这项挑战。他们纷纷表示，就是丢掉50万美元，也绝不会碰这些丑陋的虫子！

然而，当这些丑陋的、令人作呕的大虫蜕壳后，人们却为之一震，原来它是世上最美丽的非洲蓝蝶。许多人都把它作为珍贵的标本收藏。你看，原本给你50万美元都拒绝碰一下的东西，事隔两个月，却变成了人人都想抚摸的漂亮蝴蝶。事情全变了！你是那么想抓到它，想与它亲近。所以，还是别把事情看得太悲观了！

人生在世，一切都是运动的、变化着的。就是在最糟糕的时候，也没有必要绝望。别把事情看绝了，因为天下没有绝对的事！这是一个看问题的角度，这个角度会让你变得开朗、自信许多。因为没有绝对，你的心才永远不死，才愿意等待，并豁然期待着，直到一切都好起来！有时候，创造奇迹的不是巨人，也许只是心中埋藏的希望。

多克是一个信差，他始终坚信自己的使命就是向人们传递快乐。因此，他的口袋里总是装着许多小字条，上面写着一些鼓励性的话。他将信件和电报送到人们手中的同时，也留给他们一张小字条，告诉他们"今天是美好的一天""要笑口常开""别再烦恼"。

第二次世界大战期间，多克因为年龄太大而没有入伍，但他自告奋勇到野战医院做了一名志愿者，协助医院救死扶伤。有一天，他突发奇想，在医院的墙上写了一句话："没有人会死在这里。"他的行为引起了大家的注意，医院的人说他疯了，也有人认为这句话无伤大雅，不必擦掉。

那句话一直没有人去管，就一直留在了那面墙上。后来，不但伤员，就连医生、护士包括院长，都渐渐地记住了这句话。伤病员们为了不让这句话落空而顽强地活着，医生和护士为了这句话，尽力地给予病人最精心的医治和护理。这个医院变成了一个坚强的医院，每个人的脸上都有一种盼望和坚毅的表情。

所以，请你时刻记住：永远不要绝望；就是绝望了，也要再努力，从绝望中寻找希望。成为积极或消极的人在于你自己的抉择。没有人与生俱来就会表现出好的态度或不好的态度，是你自己决定要以何种态度看待环境和人生！

不要因失败而退缩

往往，最后的成功正是孕育在千百次的失败之中。其实，成功与失败并没有绝对不可跨越的界限，成功是失败的尽头，失败是成功的黎明。失败的次数愈多，成功的机会亦愈近。

有个年轻人去微软公司应聘，但该公司并没有刊登过招聘广告。见总经理疑惑不解，年轻人用不太娴熟的英语解释说，自己是碰巧路过这里，就进来了。总经理感觉很新鲜，破例让他一试。面试的结果出人意料，年轻人表现糟糕。他对总经理的解释是事先没有准备，总经理以为他不过是找个托词下台阶，就随口应道："等你准备好了再来试吧。"

一周后，年轻人再次走进微软公司的大门，这次他依然没有成功。但比起第一次，他的表现要好得多。而总经理给他的回答仍然同上次一样："等你准备好了再来试。"就这样，这个青年先后五次踏进微软公司的大门，最终被公司录用，成为公司的重点培养对象。

再试一次，你就有可能达到成功的彼岸。

任何成功都不是轻而易举得来的。无论你遇到多么大的挫折，遭遇多大的困难，你都要告诉自己："我绝对不能退缩，只需努力尝试，就能成功！"

事业取得成功的过程，实际上就是不断战胜失败的过程。因为任何一项大小事业要取得相当的成就，都会遇到困难，难免要犯错误，遭受挫折和失败。例如，在工作上想搞改革，越革新矛盾越突出；学识上想有所创新，越深入难度越大；技术上想有所突破，越攀登险阻越多。著名科学家法拉第说："世人何尝知道：那些经由科学研究工作者头脑里的思想和理论当中，有多少被他自己严格的批判、非难的考察，而默默地、隐蔽地扼杀了。就是最有成就的科学家，他们得以实现的建议、希望、愿望以及初步的结论，也达不到1/10。"这就是说，世界上一些有突出贡献的科学家，他们成功与失败的比率是1∶10。至于一般人，与这个比率比当然要低得多。因此，在迈向成功的道路上，能不能经受住错误和失败的严峻考验，是一个非常关键的问题。

由于出现错误，遭受挫折和失败，有人就徘徊不前，半途而废；有人就唉声叹气，急流勇退；有人则悲观失望，自暴自弃。然而，错误和失败并不因为人们的不快、悲叹、惊慌和恐惧而不再光临。相反，怕犯错误，怕遭失败，却往往会犯更大的错误，遭更多的失败。所以，对待错误和失败应该有科学的认识和正确的态度。

闻名于世的大作曲家贝多芬说："卓越的人的一大优点是：在不利于己的遭遇里百折不挠。"从事任何一项事情，先要决定志向，志向决定以后，就要全力以赴毫不犹豫地去实行。

法国作家凡尔纳年轻时写的第一本著作，是名为《气球上的五星期》的科学幻想小说。

当他兴高采烈地将自己的处女作送给一家出版社时，总编辑翻了书稿后，感到书中说的尽是不切实际的幻想，而且写作手法也离经叛道，便婉言拒绝出版。

在一连被15家出版社拒之门外之后，凡尔纳开始灰心丧气。他坐在火炉旁撕开手稿，一张一张地往火炉里扔。幸亏他的妻子发现，才阻止了他的焚书行动，并劝他再试一次。凡尔纳第二天又将书稿整理好送到第16家出版社。出乎意料，这家出版社独具慧眼，不仅立即给予出版，而且与凡尔纳签订了为期20年的约稿合同，要凡尔纳把今后写的全部科幻小说交给他们出版。

《气球上的五星期》一经出版，立即轰动文坛，凡尔纳一举成名。

成功往往就在于——面对失败不退缩。试想，凡尔纳如果不跑这第 16 家出版社，还会有这部不朽的传世名作吗？还会有大作家凡尔纳吗？所以，遇到挫折，千万不能退缩，不能轻易放弃。只有努力尝试，才能成功。

犯错误，遭受挫折和失败，这是坏事。错误和失败造成的困惑是痛苦的。但是，在迈向成功的道路上，错误和失败是不可避免的，它具有重要的价值。

任何成功都包含着失败，每一次失败是通向成功不可不跨越的台阶。爱因斯坦指出："正确的结果，是从大量错误中得出来的，没有大量错误做台阶，也就登不上最后正确结果的高峰。"有志气有作为的人，并不是因他们掌握了什么走向成功的秘诀，而恰恰在于他们在失败面前不唉声叹气、不悲观失望。

大发明家爱迪生经过几千次的失败，才最终发明了电灯，给世界人民带来了黑夜中的光明。他在总结这段经历时说："我对电灯问题，钻研最久，试验最苦，但是从未灰心，更不信它试验不成！失败和成功对我一样有价值。"

著名药物学家欧立希发明一种名叫砷矾纳明的新药，这种药能够治疗梅毒病和昏睡病。他在试制过程中，遭受过 605 次失败，这使他痛苦万分，但他并未就此止步，而是继续坚持试验，终于在第 606 次试验中取得了成功。因此，欧立希把这种新药命名为"606"。一盏电灯要试验几千次，一种新药要试验几百次，这中间经历了多少艰辛！

往往，最后的成功正是孕育在千百次的失败之中。其实，成功与失败并没有绝对不可跨越的界限，成功是失败的尽头，失败是成功的黎明。失败的次数愈多，成功的机会亦愈近。成功与失败的差距只在完全做对一件事情和几乎做对一件事情。如果你能在挫折面前不退缩，那么，你一定能走向成功。

有了希望就能战胜苦难

一个人，即使他一无所有，只要他有希望，他就可能拥有一切；而一个人即使拥有一切，却不拥有希望，那就可能丧失他已经拥有的一切。

公元前334年，亚历山大大帝在出发远征波斯之前，把自己所有的财产全部分给了臣下。

一名随从非常惊讶地问："陛下，那你带什么启程呢？"

亚历山大大帝自信地回答说："我只带一种财富，那就是'希望'！"

希望，是一个人一生中最为珍贵的财富，它远胜于世上任何有形的财宝。

在大学里，章霄最不喜欢上经济学的课，因为他很讨厌经济学教授老范，甚至和有些狂傲的老范在课堂上言辞激烈地争吵过。

大学最后一年，在求职过程中接连遭受打击的章霄又和女友分了手。整个世界似乎塌了下来，章霄患上了抑郁症。从此，上医院就成了他生活中的一部分。夏末的一个黄昏，章霄意外地在医院里遇见了老范，他正微笑着哄着身边的一个和他年纪相仿的女人。他没有注意到章霄的存在。于是，章霄冷笑着走进了病房。

当章霄再次走出病房的时候，却吃惊地发现老范正独自一人哭倒在洗手间里……

那天，他们聊了很多，老范告诉章霄——他和妻子为了在这个城市里站住脚吃了很多苦，而现在他们的女儿很有可能永远看不到任何东西了——他还要强作欢颜安慰妻子。

"每个人都是一滴水银，即使摔得支离破碎，也要迅速凝聚起来，只要坚信希望，任何困难都能挺过去。"分手的时候，老范擦干眼泪对章霄说。

从那之后，章霄常常去听老范的课，不为别的，只为他那种坚强乐观的水银精神。是的，只要不放弃希望，没有过不去的坎，没有克服不了的困难。

1992年3月的《读者文摘》，刊载了一篇发人深省的作品。

文中讨论的四部影片是：《山水喜相逢》《洛基》《火战车》《甘地传》。该文作者分析这四部影片叫好又叫座的一些共同原因时，说："它们反映人性本善、宣扬种种受人尊敬的情操：勤奋、苦干、自重；表现出对家庭、朋友、社会的爱心；显示了一个人能对他自己的一生和别人的一生造成多大的改变；最重要的，它们给了我们希望。"

在这一段话里，最能引起人共鸣的，是最后一句："它们给了我们希望。"有时候，创造奇迹的不是巨人，也许只是心中埋藏的希望。一句鼓励的话语，就能给对方一个免费却珍贵的礼物——希望。希望，在我们的生命里，微不足道，却往往重如千钧。

一个俄国的心理学家做过一个实验：将两只大白鼠丢入一个装了水的器皿中，它们拼命地挣扎求生，结果只维持了8分钟左右。然后，在同样的器皿中放入另外两只大白鼠，在它们挣扎了5分钟左右的时候，放入一个可以让它们爬出器皿外的跳板，这两只大白鼠得以活下来。若干天以后，再将这对大难不死的大白鼠放入器皿中，结果真的有些令人吃惊：两只大白鼠竟然可以坚持24分钟，是一般情况下能够坚持时间的3倍。

这位俄国的心理学家总结说，前面两只大白鼠，没有任何逃生经验，只能凭自己本来的体力挣扎求生；而有过逃生经验的大白鼠却多了一种精神的力量，它们相信在某一个时候，一个跳板会救它们出去，这使得它们能够坚持更长的时间。这种精神力量，就是希望。

那个实验还没有讲完。有人想着那两只大白鼠，总觉得不是滋味，就略带反感地对那位心理学家说："有希望又怎么样，那两只大白鼠最后还不是死了。"心理学家出人意料地回答说："没有死，在第24分钟时，我看它们实在不行了，就把它们捞上来了。有积极心态的大白鼠更有价值，更值得活下去；我们人类应该尊重一切希望，哪怕是一只大白鼠内心的希望。"

这个实验虽然残酷了一点，但给人很大的教益。实际上我们不必做那样的实验就可以知道，在艰难困苦之中，心中有希望和心中没有希望，对我们的行为会有完全不同的影响，结果当然也就完全不一样了。大白鼠的希望，是人给它们的；而我们人类自己，在任何时候、任何地点、任何困难的情况下，都能够自己给自己希望。

希望是一种伟大的力量。在很多情况下，希望的力量比知识和物质的力量更强大。因为只有在有希望的前提下，知识和物质才能被更好地利用。第二次世界大战期间，德国法西斯虽然拥有很先进的武器和强大的军队，但内心的绝望还是导致了他们的迅速溃败。

所以，一个人，即使他一无所有，只要他有希望，他就可能拥有一切；而一个人即使拥有一切，却不拥有希望，那就可能丧失他已经拥有的一切。

熬过去就是胜利

往往，再多一点努力和坚持便收获到意想不到的成功。以前做出的种种努力、付出的艰辛，便不会白费。令人感到遗憾和悲哀的是，面对一而再、再而三的失败，多数人选择了放弃，没有再给自己一次机会。

乔治的父亲辛曾经是个拳击冠军，但是如今年老力衰，病卧在床。

有一天，父亲的精神状况不错，对他说了某次赛事的经过。

在一次拳击冠军对抗赛中，他遇到了一位人高马大的对手。因为他的个子相当矮小，一直无法反击，反而被对方击倒，连牙齿也被打出血了。

休息时，教练鼓励他说："辛，你别怕，我相信你一定能挺到第 12 局！"

听了教练的鼓励，他也说："我不怕，我应付得过去！"

于是，在场上他跌倒了又爬起来，爬起来后又被打倒，虽然一直没有反攻的机会，但他却咬紧牙关支持到第12局。

第12局眼看要结束了，双方都筋疲力尽，对方打得手都发颤了，他发现这是最好的反攻时机。于是，他倾尽全力给对手一个反击，只见对手应声倒下，而他则挺过来了，那也是他拳击生涯中的第一枚金牌。

说话间，父亲额上全是汗珠，他紧握着乔治的手，吃力地笑着："不要紧，有一点点痛，我应付得了。"

在人生的海洋中航行，不会永远都一帆风顺，难免会遇到狂风暴雨的袭击。在巨浪滔天的困境中，我们更须坚定信念，随时赋予自己生活的支持力，告诉自己"我应付得了"。当我们有了这份坚定的信念，困难便会在不知不觉中慢慢远离，生活自然会回到风和日丽的宁静与幸福之中。唯有相信自己能克服一切困难的人，才能激发勇气，迎战人生的各种磨难，最后成就一番大业！记住，只要你有决心克服，就一定能走过人生的低谷。

卡耐基在被问及成功秘诀的时候说道："假使成功只有一个秘诀的话，那应该是坚持。"人生道路中的很多苦难和痛苦都是如此，只要熬过去了，挺住了，就没什么大不了的。

巴顿将军在第二次世界大战后的聚会上说起这么一段经历：当他从西点军校毕业后，入伍接受军事训练。团长在射击场告诉他：打靶的意义在于，哪怕你打偏了99颗子弹，只要有1颗子弹打中靶心，你就会享受到成功的喜悦。

对于实战经验不多的新兵来说，想要枪枪命中靶心是困难的，然而，当巴顿的靶位旁的空子弹壳越来越多时，他已成了富有射击经验的老兵。

战争爆发后，巴顿将军奔波于各个战场，没有安稳感，他一度对生活产生了疑问，觉得自己像一架战争机器，不知道战争究竟要到何年何月才是尽头。

但这一切仅仅持续了不到7年。这7年里，由于倔强刚烈的个性，巴顿所经历的挫折、失意，曾经那么锋利地一次次伤害过他，令他消沉，后来他才明白：它们只不过是那一大堆空子弹壳。

生活的意义，并不在于你是否在经受挫折和磨炼，也不在于要经受多少挫折和磨炼，而是在于忍耐和坚持不懈。经受挫折和磨炼是射击，瞄准成功的机会也是射击，但是只有经历了99颗子弹的铺垫，才有一枪击中靶心的结果。

只要坚持到底，就一定会成功，人生唯一的失败，就是当你选择放弃的时候。因此，当你处于困境的时候，你应该继续坚持下去，只要你所做的是对的，总有一天成功的大门将为你而开。

查德威尔是第一个成功横渡英吉利海峡的女性，她没有满足，决定从卡塔林岛游到加利福尼亚。

旅程十分艰苦，刺骨的海水冻得查德威尔嘴唇发紫。她快坚持不住了，可目的地还不知道有多远，连海岸线都看不到。

越想越累，渐渐地她感到自己的四肢有千斤那么沉重，自己一点劲都使不上了，于是对陪伴她的船上工作人员说："我快不行了，拉我上船吧！"

"还有一海里就到了啊，再坚持一下吧。"

"我不信，那怎么连海岸线都看不到啊！快拉我上去！"看她那么坚持，工作人员就把她拉上去了。

快艇飞快地往前开去，不到一分钟，加利福尼亚海岸线就出现在眼前了，因为大雾，只能在半海里范围内看得见。

查德威尔后悔莫及，居然离横渡成功只有一海里！为什么不听别人的话，再坚持一下呢？

拿破仑曾经说过："达到目标有两个途径——势力与毅力。势力只有少数人所有，而毅力则属于那些坚韧不拔的人，它的力量会随着时间的发展而至无可抵抗。"往往，再多一点努力和坚持便收获到意想不到的成功。以前做出的种种努力、付出的艰辛，便不会白费。令人感到遗憾和悲哀的是，面对一而再、再而三的失败，多数人选择了放弃，没有再给自己一次机会。所以，无论我们处于什么样的困境，遭遇多大的痛苦，我们都应该激励自己：离成功我只有一海里，只要熬过去就是胜利！

发现你的优势

人人各有所长，要善于发现自己的长处，并且把它适当地发挥出来。

每一件物品都有各自的用处，每一个人也都有各自的优势。

一个人一定要清楚地认识到自己的优势，才能把事情做好。

有个著名的"短板理论"：整体犹如一个木桶，由长短不一的木板组合而成；决定木桶容量的，不是最长的那块板，而是最短的那一根。这个理论影响了很多人，使得人们在关注个体时，把过多的精力放在如何提高弥补他的缺点、弱点或者说劣势上，而不是发扬他的优点。

一个小孩子，期末考试结束，把分数拿给家长看，家长先是一喜后是一惊：语文 100 分，英语 100 分，数学 30 分！99.99% 的家长会说：呀！你数学怎么考得这么差！如果这样下去，你连中学都考不上，就更别提考大学了！放假你就别休息了，给我好好补课吧。

其实，我们一辈子就是这么不停地补短，什么不好补什么，生怕被这些不足拖了我们的后腿。就比如上面那个孩子吧，补来补去，后来数学可能勉强及格了，但是语文和英语可能会相应地下降到了八九十分，完全没有了优势，变得样样平庸了。

一个人的精力有限，如果把时间花在了补短上，也必然影响了长项的发展。这样，孩子最后虽然能够考上大学，但也只是那莘莘学子中普通的一棵小草而已。

眼光如果反过来看——关注优势而不是劣势，结果会不会不同呢？

有这么一个学生，特别喜欢语文和英文，对数学却一点不感兴趣，于是爸爸干脆就让他主攻语文和英文。参加清华大学的入学考试时，他的成绩是英文和语文满分，数学却是零分，后来被清华破格录取。这人是谁？钱锺书。

试想，如果没有钱锺书爸爸的优势理论，如果没有清华校长的优势理论，我们只能再多一个平庸的"钱锺书"，而不会有这样的天才"钱锺书"！

我们中有很多人开车，有人开了几十年的车，但没有人比得上舒马赫，他是为赛车而生；爱迪生小学都没有念完，他甚至根本不懂化学符号，但是他拥有上千种发明；佛教六祖慧能不认字，却能听经解意，他的徒弟念了一辈子经也没有明白什么意思，他听了一遍就懂了……但是，我们这里说的优势，不是指这样的天才，这样的人几千年也不过才出了几十个而已。我们说的是普通人的优势，是每个人都具备的优势，它既可能是先天带来的，也可能是后天培养的，但最重要的是发现自己的优势。

让兔子去赛跑，让鸭子去游泳。只有发挥各自的优势，才能实现个人价值。否则让聂卫平踢球，让郝海东下棋，就会闹笑话了。

当然，不要狭隘地认为"优势"就是指某种特殊"才能"或者"才华"，品德、性格、习惯等等都有可能构成你独有的优势。孔子出名的弟子有72个，他们的优势其实也是各不相同的：颜渊以德行闻名，子贡善于口才，子游擅长文学。所以，不要狭隘地认为优势就是某种天才般的能力，而是每个人都能具备的品性中的特征，甚至保持微笑、关注细节、说话算数、承担责任等都能够构成你的独有优势。

一个人事业能够达到的高度，取决于最长那根木板的高度而不是最短的那根。所以，花1小时在你的弱势上面，不如花

10 分钟在你的优势上面。人生是公平的，要发现你的优势，培养它，把它发挥到极致，你就是成功的。

挖掘你的潜能

人类最大的悲剧并不是天然资源的巨大浪费，而是大脑潜能的埋没。充分发掘你的潜能，才能激活你的未来。

俄克拉荷马州的土地上发现了石油。该地的所有权属于一位年老的印第安人。这位老印第安人顿时变成了有钱人，买了一辆凯迪拉克豪华轿车。每天他都开车到附近的小俄克拉荷马城。他想看每一个人，也希望被每个人所看到。有趣的是，他从未撞过人，也从未伤害人。理由很简单，在轿车正前方，有两匹马拉着。

当地的技术员说那辆汽车一点毛病也没有，因为这位老印第安人永远学不会插入钥匙去开动引擎。

人类最大的悲剧并不是天然资源的巨大浪费，而是大脑潜能的埋没。科学家研究发现，爱因斯坦的大脑使用还不到 10%，普通人用了不到 5%，有人甚至连 1% 都没到。这说明大脑至少有 90% 的能量被闲置浪费了。问题的关键不是我们笨，而是我们要学会"插入钥匙去开动引擎"，调动我们的潜能去为自己创造一个更美好的未来。

所以有人断言：最大的悲剧不是恐怖地震，不是连年战争，甚至不是原子弹，而是千千万万人庸庸碌碌地生活着，却从来意识不到存在于他们身上的巨大潜力。

有一个乡下老人在山里打柴时，带回一只怪鸟给小孙子玩耍。后来发现那只怪鸟竟是一只鹰。人们担心鹰再长大一些会吃鸡，一致强烈要求：要么杀了那只鹰；要么将它放生，让它永远也别回来。

这一家人舍不得杀它，于是决定将鹰放走，让它回归大自然。许多办法试过了都不奏效。最后他们终于明白：原来鹰是眷恋它从小长大的家园。

后来村里的一位老人说："把鹰交给我吧，我会让它重返蓝天，永远不再回来。"老人将鹰带到附近一个最陡峭的悬崖绝壁旁，然后将鹰狠狠地向悬崖下的深涧扔去。那只鹰开始也如石头般向下坠去，然而快要到涧底时，轻轻展开双翅，稳稳托住了身体，开始缓缓滑翔，然后它只轻轻拍了拍翅膀，就飞向蔚蓝的天空。它越飞越高，越飞越远，再也没有回来。

和老鹰一样，人最大的敌人就是自己。鹰如果贪恋安逸的生活，那么它永远生活在鸡群中，和鸡没有什么本质区别。老鹰挑战自己才能展翅高飞，人战胜了自己才能激发自己的潜能，一鸣惊人。

我们每个人都拥有能成为爱因斯坦，能成为比尔·盖茨的大脑，那里有源源不断的能量等着你去挖掘。但最终你会成为什么样的人，就看你能不能挑战自己，看你如何去开发你自身的潜能了。

在美国麻省 Amherst 学院曾经进行了一个有意思的实验。实验人员用很多铁圈将一个小南瓜整个箍住，以观察当南瓜逐渐长大时，对这个铁圈产生的压力有多大。

最初他们估计南瓜最大能够承受大约 500 磅的压力。在实验的第一个月，南瓜承受了 500 磅的压力；实验到第二个月时，这个南瓜承受了 1500 磅的压力；当它承受到 2000 磅压力时，研究人员必须对铁圈加固，以免南瓜将铁圈撑开；最后当研究结束时，整个南瓜承受了超过 5000 磅的压力后，南瓜皮才产生了破裂。

他们打开南瓜后发现它已经无法食用，因为它的中间充满了坚韧牢固的层层纤维，试图想要突破包围它的铁圈。为了吸收充足的养分，以便于突破限制它成长的铁圈，它的根部甚至延展超过 8 万英尺，所有的根往不同的方向全方位地伸展。

一个南瓜居然能承受如此大的压力，是因为外界恶劣的环境激发了它的潜能，从而内部也发生了巨大的变化。同样的道理，人只有不断挑战自己，才能激发出自己的潜能。

柏拉图曾指出："人类具有天生的智慧，人类可以掌握的知识是无限的。"而事实也如此，根据脑科学研究表明，如果一个人的大脑被全部开发，那么他将学会 40 种语言，拿 14 个博士学位，他的信息储存量可以是世界上最大的图书馆美国图书馆 1000 万册储量的 50 倍。

就像身体一样，随着年龄的增长，你的大脑也需要通过锻炼来保持健康。

杜克大学的一篇文章提出了一种保持大脑反应敏捷的方法——心智运动，利用你的感官建立与大脑认知功能区域的新联系。如果有规律地采用这种简单的锻炼方法，可以使你的大脑更加敏捷，时刻准备应对新的挑战。

这种方法是以不同的方式利用你的一个或多个感官来集中注意力，增强日常活动能力。下面是一些实例：

(1) 在早晨，你可以用自己的反手来梳头、整理发型、穿衣服、刷牙以及做早饭。

(2) 在洗澡的时候闭上眼睛，利用你的触觉找到香皂并完成洗浴。

(3) 把照片倒放在桌面或书架上。

(4) 你可以到一家新的民俗市场和农贸市场或面包店去体验新的视觉及听觉感受。

(5) 当你到国外旅行时，你要使自己完全投入到那种不熟悉的环境中去。例如，去一个小镇，那里没有人说你所说的语言，你要多品尝新食物并与当地人一同吃住。

(6) 多听音乐，热爱运动，多尝试使用左手。

(7) 多做一些能训练大脑的智力题目和游戏，比如推理游戏、射击游戏，等等。

把握现在更有意义

不论昨天发生了什么，不管明天会不会发生什么，当下才是你所在的地方，也是你起步的地方。

从前有个年轻英俊的国王，他既有权势，又很富有，但却为两个问题所困扰：

一、我一生中最重要的时光是什么时候呢？

二、我一生中最重要的人是谁？

他对全世界的哲学家宣布，凡是能圆满地回答出这两个问题的人，将分享他的财富。哲学家们从世界各个角落赶来了，但他们的答案没有一个能让国王满意。

这时有人告诉国王，在很远的山里住着一位非常智慧的老人。国王马上就出发了。

国王到达那个智慧老人居住的山脚下后，装扮成一个农民。

他来到智慧老人住的简陋的小屋前，发现老人盘腿坐在地上，正在挖着什么。"听说你是个智慧的人，能回答所有问题，"他说，"你能告诉我谁是我生命中最重要的人、何时是我一生中最重要的时刻吗？"

"帮我挖点土豆，"老人说，"把它们拿到河边洗干净。我烧些水，你可以和我一起喝一点汤。"

国王以为这是对他的考验，就照老人说的做了。他和老人一起待了几天，希望他的问题能得到解答，但老人却没有回答。

最后，国王对自己和这个人一起浪费了好几天的时间感到非常气愤。他拿出自己的国王印玺，表明了自己的身份，宣布老人是个骗子。

老人说："我们第一天相遇时，我就回答了你的问题，但你没明白我的答案。"

"你的意思是什么呢？"国王问。

"你来的时候我向你表示欢迎，让你住在我家里。"老人接着说，"要知道过去的已经过去，将来的还未来临——你生命中最重要的时刻就是现在，你生命中最重要的人就是现在和你待在一起的人，因为正是他和你分享并体验着生活啊。"

只有活在"现在"，你才可以真正地体验生活，并享受生活的各种快乐。我们内心的平安，有相当大程度取决于我们活在当下的多寡。不论昨天发生了什么，不管明天会不会发生什么，当下才是你所在的地方，也是你起步的地方。

一个人到夏威夷旅游，一天黄昏时他在海滩漫步，忽然看见远处有一个人像是在跳舞似的。走近些时，他看清楚原来这个本地人在不停地拾起由潮水冲到沙滩上的鱼，并一条条地用力地把它们抛回大海去。

他于是奇怪地问本地人："晚安！朋友，你在干什么呢？"

那人说："我在把这些鱼抛回海里。你看，现在正是退潮，海滩上这些鱼全是给潮水冲到岸上来的，很快这些鱼便会因缺氧而死了！"

"我明白。不过这海滩有数不尽的鱼，你有能力把它们全部送回大海吗？你可知道你所做的作用并不大啊！"

那位本地人微笑着，继续拾起另一条鱼，一边抛一边说："但起码我改变了这条鱼的命运呀！"

于是他恍然大悟！的确，虽然有很多美好的事情我们不能去实现，但是如果把握现在，就能改变一切！

过去的已成历史，未来还遥不可及，我们能把握的只有现在。珍惜光阴，把握现在，这是我们必须明白的人生道理。

一位考古学家在古希腊的废墟里发现了一尊双面神像。由于从来没有见过这种神像，考古学家忍不住问它："你是什么神？为什么会有两副面孔？"

神像回答说："人们都叫我双面神，我一面回望过去，汲取教训；一面展望未来，充满憧憬。"

考古学家忍不住问："那么现在呢？"

"现在！"神像愣住了，"我只看着过去和未来，我哪管得了现在啊！"

考古学家说道："过去已经远去了，未来还没有到来。我们能把握的只有现在啊！你对过去总结得再好，对未来的构想无论多么美好，如果不能把握现在，那又有什么意义呢？"

神像听了，恍然大悟："你说的没错。我只关注过去和未来，而从来没想过现在，所以才被人们抛弃在废墟里啊！"

卡耐基曾经说过："人要生活在今天的密封仓里，就是要人专心过好当下的生活。"因为过去的已经过去，仅仅回忆是没有什么意义的。同时，人也不能总担心未来的事情，因为未来总是不确定的，我们所担心的事情多半不会发生。过去的意义就在于它为我们现在的生活提供指导，它能让我们看得更清楚。未来的意义也是为我们的现在树立目标，现在的所有努力都是围绕将来的目标。总之，过去的已经过去，未来还遥不可及，我们唯一能把握的只有现在了。

困境即是上天的恩赐

每个困境都有其存在的正面价值。一个障碍，就是一个新的已知条件，只要愿意，任何一个障碍都会成为一个超越自我的契机。

在人生的道路上，我们不能只拥有欢笑、幸福、顺利和安逸，更需要挫折、悲伤、失败和痛苦。因为哭过，所以才知道什么叫悲伤；因为笑过，所以才知道什么叫快乐；因为失败过，才知道什么叫成功；因为跌倒，才知道什么叫坚强！人只有充实忙碌地活着，遍尝人生百味，才有意义。

瑙鲁是位于南太平洋一个美丽的小岛上的岛国，它的总面积仅有 6 平方公里，却有着取之不尽的鸟粪资源，年输出的纯收入高达 9000 多万美元。在这个美丽富饶的小岛上生活的 6000 多人无需工作，他们的一切都由政府包干，而且每人每年还享受政府发放的 35 万美元的零用钱。

岛民们过着极其奢华的生活，现代家具一应俱全，外出时驾驶着豪华越野车，吃的是包装考究的西式食品，甚至家里还雇用外国人。这样养尊处优、舒适安逸的生活不知是多少人梦寐以求的，简直像天堂一样，或者说，天堂也不过如此。

然而，就是在这样一个美丽的岛国里，高血压、心脏病、脑中风发病率高居世界之首，有 37% 的人患有糖尿病。全岛只有 1.3% 的人能活到 60 岁，是世界上人均寿命最短的国家。

生于忧患，死于安乐。处在安逸的生活中，人的战斗力、生命力往往变得十分低下。没有进取的念头，没有奋发的愿望，没有超越的梦想，这样的人生尽管优雅，但很苍白空乏。而人只有在困境和挑战中，才能有成功的喜悦，才能体验到生活的美丽，在精神层次上，才能感受到天堂般的快乐！

"中国第一毛孩"于震寰脸上、脖子上、手臂、腿部、背部的毛发长而浓密，活脱脱像一个"毛人"。除此以外，他的鼻子很大，嘴唇宽厚，牙齿却稀疏排列不齐，迎面看去，形同"怪物"。原来，由于遗传基因缺陷，于震寰不幸"返祖"，他一生下来就遍体披毛，全身的毛发覆盖率达96%，每平方厘米就有毛发41根之多，被世界吉尼斯纪录认定为"全身毛发面积最多"的人。

因为这副奇异的长相，于震寰每天都要面对周围人好奇的目光，遭受一些无聊的人的戏弄和侮辱。可是，长大以后他渐渐明白：人们的好奇心有什么错呢？自己引人注目又有什么不好？自己一出生就被拍成纪录片，6岁就主演了一部电影，靠的不就是自己身上的一身毛发吗？

觉醒的"毛孩"于震寰决定进军演艺界。生活的经验告诉他，凭借自己的特殊长相，自己往台上一站，那就是"人气"，"毛孩"就是自己的商业招牌。经过自己的努力，他用挣来的钱买了房子，2003年，他还有了一个令人羡慕的漂亮女朋友。

于震寰在他的博客里写道："我的人生字典里没有妥协，没有认输，人们的排斥只会使我更加充满斗志，人们的目光不会使我受到影响，我把人生比作战场，我一定要赢得最后的胜利，然后带着我深爱的女人和孩子一起去看夕阳。"

虽然依然有人把于震寰当"怪物"，仍然有刀子一样的目光从他的身上划过。但现在的"毛孩"对别人的歧视已经有了免疫力。有人劝他去做全身脱毛手术，他却坚决反对，他说："歌谁都会唱，这身毛只有我有。我之所以能有今天，有一点非常重要，那就是：从艺后，我没有把上苍对我的赐予，当作废物和累赘。"

所以，困境和缺陷并不可怕。哪怕是一身让人避之不及的烦人的毛发，只要自己不轻薄它，不废弃它，那就是上帝仁慈的恩赐啊。

正视缺陷，超越自卑

缺陷不一定都是坏的，有可能就是你的长处和优点。只要会利用，可能还会给你带来意想不到的效果。

缺陷不一定都是坏的，有可能就是你的长处和优点。只要会利用，可能还会给你带来意想不到的效果，但是，前提是你必须得正视缺陷。

英国教育大臣戴维·布伦基特是位盲人，他是位聪明过人且具有远见卓识的学者。他生下来就没有视力。母亲得知儿子是盲人时，当即休克，而且头发一下子就变白了。布伦基特4岁进入盲人学校学习，12岁时父亲因工伤去世，从此家庭失去了经济来源，布伦基特转入技术学校学习。他学会了挡车工、调琴师、速记员等多种职业所需要的技能。

从1987年起，布伦基特就被选为英国下议院议员，而且是工党影子内阁的教育大臣。在议会，他经常与保守党议员唇枪舌剑。他用词尖刻，论据有力，常使保守党议员处于被动。伦敦一家报纸的老板曾怀疑布伦基特不是个盲人，于是派一女记者去调查。布伦基特故意恭维说："您的连衣裙真漂亮！"这更让调查者莫衷一是。

布伦基特每周工作 6 天，每天工作 16 个小时。早晨 7 点起床后，一边喂狗，一边听新闻。狗是他的向导，即使开会，也要把狗带在身边。

这件事情看起来真不可思议——天生就是盲人的布伦基特竟然在教育非常发达的英国当上了教育大臣。这之间有多少动人心魄的故事，他付出了多少代价，是难以想象的，我们也无从知道。但从中我们可以肯定的是，他并没有因为自己的缺陷就放弃自己，更没有因为自己是盲人就一蹶不振、自暴自弃。

很多成功人士有着这样或那样的缺陷，但他们都没有因此而自卑，而是超越了这些弱点，成就了自己的精彩人生。

爱迪生小时候因为被司机暴打导致耳朵失去听觉，但他居然发明了留声机。后来成名以后，他还说要感谢那位司机打了他，使他更加耳根清净，少了很多烦杂，才能有了那么多伟大的发明。

美国科学家弗罗斯特推算出太空星群及银河系的活动变化，可他自己只是个什么也看不见的盲人。

达尔文病魔缠身四十多年，仍然四处考察，发表了著名的进化论。"如果我不是有这样的残疾，"那个在地球上创造生命科学的基本概念的人写道，"我也许不会完成这么多的工作。"达尔文承认他的残疾对其成功起了很大的激励作用。

英国肯特郡阿什福德市男子乔治·里普雷到美国佛罗里达州旅游时被一只致命的"黑寡妇"毒蜘蛛咬了一口，然而幸运的是，由于乔治体重超过 127 公斤，身上全是肥肉，蜘蛛的毒液无法迅速扩散，从而使乔治得以"蛛口余生"，从死亡边缘幸运地捡回了一条命。

据报道，当时 50 岁的乔治·里普雷只感到腿部轻微一痛，并没有当回事。然而没多久，他的左腿就开始肿胀，本人甚至一度发生昏厥。第二天，当乔治来到医院时，护士才察觉乔治腿上的可怕症状。医生对乔治进行了血液检测，证实他被一只"黑寡妇"毒蜘蛛咬伤了。医生对乔治说，他能大难不死简直就是一个奇迹。乔治说："我的脚肿得就像厨房中吹满气的橡皮手套一样。"

据医生称，乔治之所以被"黑寡妇"毒蜘蛛咬中后还能侥幸活命，是因为他太过肥胖，毒液没法迅速渗透、弥漫他庞大的身躯。大难不死的乔治说："我不希望任何人再对我说'你应该减肥'这样的话了。"不过，尽管乔治捡了一条命，但蛛毒却在他身上引起了淋巴水肿，他在相当长的一段时间里根本无法外出。

幸亏乔治没有减肥，否则后果不堪设想。

所以，人不应当只注重自身的优点，而忽视自己的弱点，更不能因为缺陷而自卑。因为说不准在何时何地，你的弱点就会带来不可思议的益处。

坚强是最有用的财富

每个人都有梦想，也曾为之而努力过、奋斗过，但是很多人却因为没有一颗坚强的心和持之以恒的毅力，只能给自己的人生留下深深的遗憾。所以，我们要想成就一番事业，要想实现自己的梦想和追求，就必须努力为自己打造一颗坚强的心。

　　一个失意的年轻人，向哲人请教成功的秘诀。哲人递给他一颗花生说："用力搓它。"年轻人用力一搓，花生的壳碎了，剩下了花生仁。然后哲人叫他再搓搓它，结果红色的花生衣也被搓掉了，只剩下白白的果肉。哲人叫他再用力搓，年轻人迷惑不解，但还是照着做了。

　　可是，无论他如何用力，却怎么也捏不碎这粒花生仁。哲人还是叫他再搓搓它，结果仍然是徒劳无功。

　　最后，哲人语重心长地告诫年轻人："虽然屡受打击和磨难，失去了很多东西，但始终都要拥有一颗坚强不屈的心，这样才有美梦成真的希望。"

　　对于一个人来说，最有用的财富不是金钱名利，也不是人际资源，而是一颗坚强的心。

　　一个农民，初中只读了两年，家里就没钱继续供他上学了。他辍学回家，帮父亲耕种三亩薄田。在他 19 岁时，父亲去世了，家庭的重担全部压在了他的肩上。他要照顾身体不好的母亲和瘫痪在床的祖母。

　　20 世纪 80 年代，农田承包到户。他把一块水洼挖成池塘，想养鱼。但乡里的干部告诉他，水田不能养鱼，只能种庄稼，他只好又把水塘填平。这件事成了一个笑话——在别人的眼里，他是一个想发财但又非常愚蠢的人。

　　听说养鸡能赚钱，他向亲戚借了 500 元钱，养起了鸡。但是一场洪水后，鸡得了鸡瘟，几天内全部死光。500 元对别人来说可能不算什么，但对一个只靠三亩薄田生活的家庭而言，不啻天文数字。他的母亲受不了这个刺激，竟然忧郁而死。

他后来酿过酒，捕过鱼，甚至还在石矿的悬崖上帮人打过炮眼……可都没有赚到钱。

35岁的时候，他还没有娶到媳妇。即使是离异的有孩子的女人也看不上他。因为他只有一间土屋，随时有可能在一场大雨后倒塌。娶不上老婆的男人，在农村是没有人看得起的。

但他还想搏一搏，就四处借钱买一辆手扶拖拉机。不料，上路不到半个月，这辆拖拉机就载着他冲入一条河里。他断了一条腿，成了瘸子。而那拖拉机，被人捞起来，已经支离破碎，他只能拆开它，当作废铁卖。

几乎所有的人都说他这辈子完了。但是后来他却成了南方一个大城市里的一家大公司的老板，手中有数亿元的资产。

现在，许多人知道了他苦难的过去和富有传奇色彩的创业经历。许多媒体采访过他，许多报告文学描述过他。其中一个访谈令人印象深刻：

记者问他："在苦难的日子里，你是凭什么一次又一次毫不退缩的呢？"

他坐在宽大豪华的老板桌台后面，喝完了手里的一杯水。然后，他把玻璃杯子握在手里，反问记者："如果我松手，这只杯子会怎样？"

记者说："杯子摔在地上，肯定要碎了。"

"那我们试试看。"他说。

他手一松，杯子掉到地上发出清脆的声音，但并没有破碎，完好无损。

他说:"即使有 10 个人在场,他们都会认为这只杯子必碎无疑。但是,这只杯子不是普通的玻璃杯,而是用玻璃钢制作的。我之所以能战胜苦难,就因为我有一颗坚强的心。"

这样的人,即使只有一口气,他也会努力去拉住成功的手。如果他不能成功,那么还有谁能成功呢?

每个人的心中都有一个梦想和追求,也曾为之而努力过、奋斗过,但是很多人却因为没有一颗坚强的心和持之以恒的毅力,便半途而废,只能给自己的人生留下深深的遗憾。所以,我们要想成就一番事业,要想实现自己的梦想和追求,就必须努力为自己打造一颗坚强的心。不管通向成功的道路是阳光灿烂,还是风雨兼程,我们都要始终保持这颗坚强的心,不得有半点的懈怠和屈服。相信吧,阳光总在风雨后,经历了风风雨雨、大风大浪、坎坎坷坷之后,再回味自己来之不易的成功的时候,那一定是人世间最幸福的时刻。

第五章

学会豁达 ——
淡定豁达，没有真正的输赢人生

豁达是心灵的解药

豁达，是荡涤红尘的一杯清茶，是摆脱烦恼的一道良方，是纯净心灵的解药。

我们一生中不可能永远都是风平浪静，人生遭际不是个人力量所能左右，而在诡谲多变的环境中，唯一能使我们不觉其拂过的办法，就是使自己变得豁达。以豁达之心去面对以前痛苦的遭遇，不幸便将会远离我们，要学会随遇而安。

德斯梅雷夫妇带着两个儿子在意大利旅游，不幸遭劫匪袭击。如一场无法醒过来的噩梦，7 岁的长子霍夫曼死于劫匪的枪下，就在医生证实霍夫曼的大脑确实已经死亡的 10 个小时内，孩子的父亲德斯梅雷立即做出了决定，同意将儿子的器官捐出。4小时后，霍夫曼的心脏移植给了一个患先天性心脏病的孩子；一个19岁的濒危少女，获得了霍夫曼的肝；霍夫曼的眼角膜使两个意大利人重见光明。就连霍夫曼的胰腺，也被提取出来，用于治疗糖尿病……霍夫曼的脏器分别移植给了急需救治的6个意大利人。

"我不恨这个国家，不恨意大利人。我只希望凶手知道他们做了些什么。"德斯梅雷，这位来自美洲大陆的旅游者说，嘴角的一丝微笑掩不住内心的悲痛。而他的妻子玛格丽特的庄重、坚定、安详的面容，和他们4岁的幼子脸上小大人般的表情，尤令人灵魂震撼！他们失去了自己的亲人，但事件发生后他们所表现出来的自尊与豁达大度，令人们深感敬佩。

豁达不仅能让自己的心灵得到拯救，同时也能拯救别人的心灵。对自己身上发生的一切，如果都能以一种大度、坦然的态度去对待，那么我们与他人的关系将会是融洽和愉快的。美国第三任总统杰弗逊与第二任总统亚当斯从交恶到宽恕就是一个生动的例子。

杰弗逊在就任前夕，到白宫去想告诉亚当斯说，他希望针锋相对的竞选活动并没有破坏他们之间的友谊。但据说杰弗逊还来不及开口，亚当斯便咆哮起来："是你把我赶走的！是你把我赶走的！"

一气之下，两人没有交谈达数年之久，直到后来杰弗逊的几个邻居去探访亚当斯，这个坚强的老人仍在诉说那件难堪的事，但接着冲口说出："我一直都喜欢杰弗逊，现在仍然喜欢他。"邻居把这话传给了杰弗逊，杰弗逊便请了一个彼此皆熟悉的朋友传话，让亚当斯也知道他的深重友情。后来，亚当斯回了一封信给他，两人从此开始了美国历史上最伟大的书信往来。

这个例子告诉我们，豁达是一种多么可贵的精神、高尚的人格。在卡耐基身上也曾发生过类似的事，卡耐基的豁达也为他赢得了尊重。

有一次，戴尔·卡耐基在电台上介绍《小妇人》的作者时一不小心说错了地理位置。其中一位女听众就狠狠地写信来骂他，把他骂得体无完肤。卡耐基当时真想回信告诉她："我把区域位置说错了，但从来没有见过像她这么粗鲁无礼的女人。"但他控制了自己，没有向她回击，他鼓励自己将敌意化解为友谊。卡耐基自问："如果我是她的话，可能也会像她一样愤怒吗？"然后，他站在她的立场上来思索这件事情。最后，他打了个电话给她，再三向她承认错误并表达歉意。这位太太终于接受了他的道歉，并表示了对他的敬佩，希望能与他进一步深交。

我们说豁达是心灵的解药，是因为它是一种人生境界，是一种超脱与淡定。豁达的人不会为他物所牵绊，所以心自然是沉着从容的。

有一位禅师非常喜爱兰花，在庭院里栽植数百盆各品种的兰花，讲经说法之余，总是悉心照料。大家都说，兰花好像是禅师的生命。一天，禅师因事外出。有一个弟子接受师父的指示，为兰花浇水，但不小心将花架绊倒，整架的兰花都给打翻了。弟子心想：师父回来，看到心爱的兰花这番景象，不知要愤怒到什么程度。于是在忐忑不安之中，等着师父回来惩罚。

禅师回来后，看到这事，却一点也不生气，反而心平气和地安慰弟子："我之所以喜爱兰花，为的是要用香花供佛，并且也为美化禅院环境，并不是想生气才种啊！凡是世上一切都是无常的，不要执着于心爱的事物而难以割舍，那不是禅者的行径！"

儒家强调一种"恕"的观念，豁达也要懂得"恕"。恕，即宽恕，豁达的人宽恕别人，由此也达到了对自己的宽恕，不让自己陷于愤怒与仇恨之中。

第二次世界大战期间，一支美军部队在森林中与敌军相遇，激战后两名士兵与部队失去了联系。这两名士兵来自同一个小镇。两人在森林中艰难跋涉，他们互相安慰、互相鼓励。10多天过去了，仍未与部队联系上。有一天，他们打死了一只鹿，依靠鹿肉又艰难度过了几天，可也许是战争使动物四散奔逃或被杀光，这以后他们再也没看到过任何动物。他们仅剩下的一点鹿肉，背在其中一个年轻士兵的身上。有一天，他们在森林中又一次与敌人相遇，经过再一次激战，他们巧妙地避开了敌人。就在自以为已经安全时，只听一声枪响，走在前面的年轻士兵中了一枪——幸亏伤在肩膀上！后面的士兵惶恐地跑了过来，他害怕得语无伦次，抱着战友的身体泪流不止，并赶快把自己的衬衣撕下包扎战友的伤口。

晚上，未受伤的士兵一直念叨着母亲的名字，两眼直勾勾的。他们都以为他们熬不过这一关了，尽管饥饿难忍，可他们谁也没动身边的鹿肉。天知道他们是怎么过的那一夜。第二天，部队救出了他们。

事隔30年，那位叫科努格的受伤士兵说："我知道谁开的那一枪，他就是我的战友。当时在他抱住我时，我碰到他发热的枪管。我怎么也不明白，他为什么对我开枪？但当晚我就宽恕了他。我知道他想独吞我身上的鹿肉，我也知道他想为了他的母亲而活下来。此后30年，我假装根本不知道此事，也从不提及。战争太残酷了，他母亲还是没有等到他回来，我和他一起祭奠了老人家。那一天，他跪下来，请求我原谅他，我没让他说下去。我们又做了几十年的朋友，我宽恕了他。"豁达是心灵的最佳解药，拥有一颗豁达的心，在工作和生活中我们将从根本上远离不幸。

知足者能享天人之福

知足是快乐的重要条件。托尔斯泰曾说："欲望越小，人生就越幸福。"知足者认识到了无止境的欲望只能带来痛苦，所以才能摒弃欲望，享天人之福。

在这个世界上，大多是那些懂得知足常乐的人们生活得更为幸福。这是因为，一个具有开朗热情性格的人，通常在生活中懂得知足常乐、平淡是福，能够笑看输赢得失、当放则放。

有了一颗知足的心，人才会有真正的宁静、真正的喜悦、真正的幸福。知足常乐，是一种与世无争而又安于平凡的心境，也是一种不经意间的幸福。人如果贪欲越多，就会陷入对名利的追逐，后来他们得到越多，就越去追逐，这就是所谓的"知足之人不知穷，不知足之人不知富"。

有一个失意的城里人对生活失去了信心，他走进一片原始森林，准备在那里了却残生。

失意人发现一只猴子正在目不转睛地看着他，便招手让猴子过来。

"先生，有何吩咐？"猴子有礼貌地打着招呼。

"求求你，找块石头把我砸死吧！"失意人央求猴子。

"为什么？阁下难道不想活了？"猴子瞪着眼睛问。

"我真是太不幸了……"失意人话一出口，泪水便哗哗地流了出来。

"能跟我谈谈吗？我也是灵长类呀！"猴子善解人意地说。

失意人泪流满面地说："跟你谈有什么用……当年我差了一分，没有考上牛津大学……呜……"

"你们人类不是还有别的大学吗？你是不是找不到异性？"猴子觉得上什么大学无所谓，有没有异性可是个原则问题。

"呜……"失意人又哭了起来，"当年有十几个美女追求我，最后我只得到其中一个……"

"这确实有点不公平！"猴子说，"不过，您毕竟还捞上了一个。工作上有什么不顺心吗？"

"工作了十来年，才评上一个副教授。你说说，这书还怎么教下去？"失意人转悲为愤，怒气冲冲地说。

"薪水够用吗？"这只猴子又问。

"够用什么！每个月除了吃、穿、用，只剩下 800 多块钱，什么事也干不了！"失意人满腹牢骚。

"那您真的不想活啦？"猴子紧紧盯着失意人的双眼，严肃地问。

"不想活了！你还等什么，快去找石头啊！"失意人不想再跟猴子啰嗦。猴子犹豫了一下，终于抓起来一块石头。就在它即将砸向失意人脑袋的时候，突然问失意人："阁下，在您死之前能把您的地址告诉我吗？让我去顶替您算了。"

这看似一个笑话，但却反映出了我们身边的现实。其实，我们拥有的已太多，但我们总是不知足，不知道珍惜。但如果我们不懂得珍惜已经拥有的东西，得到的再多又有什么意义？

知足是什么呢？知足就是：别人的钱比自己多，我不嫉妒，钱少可以俭朴点、量入为出；别人吃山珍海味，我不眼馋，粗茶淡饭也照样吃得健康结实，并且同样香甜。别人有名牌时装、花园洋房，我不羡慕，房小可以安排得紧凑点，照样收拾得窗明几净，衣服穿不起名牌，青衣布衫也舒适……

什么又是常乐呢？常乐就是：有一份糊口的工作，虽然薪水不高，但能维持日常的生活，想想也欣慰。有一位爱自己的配偶，也许是一个最普通的人，没有权钱与容貌，但有一份真挚的爱情。还有一个活泼可爱的孩子，也许学习成绩平平，但身体健康……

以上这些难道不是欢乐和幸福吗？实际上，如果你仔细想想，就会发现身边的欢乐数也数不清。这就是我们普通人的天人之福。

所以，真正的幸福不是每天都追求到了什么，而是每天都怀有一颗满足的心愉快地生活。满足的秘诀在于知道如何享受自己的所有，并能驱除自己能力之外的物欲。既然我们都是普通人，那么，那些超越我们能力的东西就显得无足轻重，而脚踏实地过平民百姓的生活，就能让知足者常乐！

人生不在输赢

人生没有永久的成功与失败，人生就是由成功和失败串联而成的，所以人生的真正目的并不在于分出输赢。

真正的人生输赢之间的界限很模糊，甚至我们完全可以说并没有真正的输赢。因为，"赢"是什么，"输"又是什么，谁能回答清楚？

有的人说："'赢'就是拥有许多美好的事物，'输'就是背负着一切不如意的事物，换句话说，'赢'就是成功，'输'就是失败。"

这个答案正确吗？如果真是这样的话，那么请问什么是美好的事物？什么又是不如意的事物？其实，它们的界限是很模糊的，每个人都有关于美好和如意的标准，所以我们不能轻易地判断一个人的人生是成功还是失败，所以并没有真正的输赢人生。

人生的价值不在输赢，而是在实现自己的过程中，自己是否尽了最大的努力。结果并不是最重要的，不要为了名利争个你死我活。为了名利争斗，谁都不会赢。

1991年7月1日晚，在法国阿斯克新城举行的国际田径赛，吸引了两万多观众。这是美国的卡尔·刘易斯和加拿大的本·约翰逊，继汉城奥运会后首次在 100 米赛跑中较量。观众就是冲着这一较量来的。本·约翰逊在汉城奥运会上，因服用违禁药物，被取消了成绩，判罚停赛两年。今年复出，两人再次同赛角逐，格外引人注目。

但比赛结果出人意料，冠军被美国的另一名好手米切尔摘取了，卡尔·刘易斯获亚军，而本·约翰逊只列第 7 名。尽管如此，曾获 6 枚奥运会金牌的卡尔·刘易斯对能击败本·约翰逊而感到满意。他终于赢了约翰逊。

赛后，本·约翰逊想跟卡尔·刘易斯握手，但遭到拒绝，给了本·约翰逊个冷脸，使其大失面子。这是为什么呢？原来是因为，在 1988 年汉城奥运会上，本·约翰逊以 9 秒 79 的惊人成绩，创造了"下世纪的纪录"。当时，也是这次 100 米决赛的终点处，卡尔·刘易斯走上前来同他握手，表示祝贺，但他却有意视而不见，傲慢地一扭头擦肩而过。

细心的观众都会记得这段经过，这一次轮到自己头上了，本·约翰逊失败后，被卡尔·刘易斯还以颜色，可谓是"以其人之道，还治其人之身"。但这次是刘易斯赢了，那么下次呢？两个人赢了一次都不可一世，这符合真正的体育精神吗？体育竞赛的精神，不在于分出个强弱排名，而在于拼搏、奋斗！人生也是如此！

梁启超先生曾说："宇宙间的事，没有绝对的成功和失败。'成功'这个名词，是表示圆满的观念，'失败'这个名词，是缺陷的观念。圆满是宇宙进化的终点，到了终点，进化便休止，进化休止不消说是连生活都休止了，所以平常所说的成功与失败，不过是指人类活动休息的一小段落。"所以，硬是拼了性命去分出个输赢有什么意义呢？

在社交中，常会进行一些带有比赛性、竞争性的文化活动，比如棋类比赛、乒乓球赛、羽毛球赛等。尽管这是一些文娱活动，但很多人都希望成为赢家。而有经验的社交者，在自己实力雄厚、对方弱小的情况下，往往并不使对方失败得很惨而狼狈不堪，反倒是有意让对方胜一两局，并不真正去计较输赢。

比如有些象棋高手，在连赢几盘棋后，往往会有意错几步，让对方最后赢一两盘。与人处事正像下一盘象棋，只有那些阅历不深的小青年，才会一口气赢对方七八盘，对方已涨红了脸、抬不起头，他还在那儿一个劲儿地喊"将"。其实，作为社交活动，主要目的还是交流感情，增进友谊，满足文化生活的需要，对输赢何必那么认真？如果偏要去计较输赢，往往会给双方造成不佳的心情。

据说某位官员极爱下象棋，又把输赢看得很重，在一次宴会后与一个棋艺不凡的人对弈时，本来已一比一平局，却偏要下第三局分个胜负，但在残局时却被对方打了个死车，顷刻间他脸色苍白，大汗淋漓，又急又恼，当场晕厥，三天后竟因脑溢血而死。

瞧，为了一局象棋的输赢搭上了自己的性命，你觉得这样值得吗？赢了这局如何？输了这局又如何？就算真的这次输了，觉得自己很失败，但这也并不代表你不行。

其实，人生是由无数个失败和成功加起来的。人觉得自己是失败的，便会立即坠入痛苦的深渊；而有时候我们做出了许多自以为成功的事，事后却证明是失败之作，如果能看淡成功和失败的分界，不去计较输赢，反而轻松了许多。这样的人生态度，看似消极，其实是透彻。世间事很少祸福分明，成功中藏着失败，失败里也会蕴含着成功。所以放轻松一些，人生并不在输赢！

能拿得起就要能放得下

"拿得起"不仅仅是应在踌躇满志时，"放得下"也绝不仅仅是应在遭受挫折时。在人生的每时每刻，我们都应把它们看作一个整体。一个人在处事中，拿得起是一种勇气，放得下是一种肚量。

在热带丛林里，猎人经常制作一些笼子捕猎猴子，笼子里挂着果实，笼子上开一个小口，刚好够猴子的前爪伸进去，如果猴子抓住坚果就无法将爪抽出来了。而猴子有一种习性，就是不肯放弃已经到手的东西，所以它们最终就成了猎人的猎物。

猴子被捉的悲剧告诉我们，在生活中必须学会"拿得起放得下"的道理，学会适时松开手。人生的成败往往蕴含于取舍之间，"放得下"的关键在于你能够在人生道路上进行果敢的取舍。

萧何是汉高祖刘邦的重要谋臣。刘邦进入关中以后，萧何因在行政管理、户籍管理方面很有一套，颇得民心。当时关中百姓只知有萧何，不知有刘邦。萧何的一个门客提醒他说："您不久将要被灭族了，您占据高位，功劳第一，是人臣之极，不可能再得到皇上的恩宠。可是您自进入关中后，得到了百姓的拥护，深得民心，皇上几次问您的原因，就是怕关中百姓都跟着您跑啊！"

不久，南方起兵反汉，刘邦率军亲征，留吕后及萧何守关中，于是萧何抓住机会，自毁名声，他强占民田、美宅，强夺他人妻女为婢妾，一时间，民怨沸腾，怨声载道，萧何的美名荡然无存。高祖胜利还朝时，老百姓拦路控诉萧何。高祖心中有说不出来的高兴，只是表面上斥责萧何说："你自己去处理吧！"从此不再担心萧何会"功高震主"了。

拿得起，实为可贵；放得下，是人生处世之真谛。成大事业者不会计较一时的得失。他们都知道放下什么，如何放下。放得下，你就可以轻装前进。放得下，你就可以摆脱烦恼和纠缠，整个身心沉浸在轻松悠闲的宁静中去。

放得下会使你赢得别人的信赖；放得下会改变你的形象，使你显得豁达豪爽；放得下还会使你变得更能干，更精明，更有力量。在这个世界上，为什么有的人活得轻松，而有的人活得沉重？前者是拿得起，放得下；而后者是拿得起，却放不下，所以沉重。

放下心中所有难言的负荷，放下失恋的痛楚，放下费尽精力的争吵，放下屈辱留下的仇恨，放下对虚名的争夺，放下对权力的角逐……凡是次要的，枝节的，多余的，该放下的都要放下。只有放得下，才能将该拿起的东西更好地把握住。

由于清朝晚期科场中贿赂盛行，舞弊成风，蒲松龄四次考举人都落第了。最后他放弃了"科考"这条可以使自己走上仕途的道路，而选择了著书立说。他立志要写一部"孤愤之书"。他在压纸的铜尺上镌刻了一副著名的对联，上书：

有志者，事竟成，破釜沉舟，百二秦关终属楚；
苦心人，天不负，卧薪尝胆，三千越甲可吞吴。

蒲松龄以此自敬自勉。后来，他终于写成了《聊斋志异》，流传百世。

蒲松龄虽然科举落第，与仕途无缘，但他找到了成就自己的另一个方向。在这条新开辟的道路上，他取得了成功，也为后人留下了宝贵的精神财富。

人生是一种相依相得的平衡，放不下就得不到，得不到就会很痛苦。拿得起放得下，反映的是一个人生命的品质和品位。这需要一种不断积蓄的能量。惟其拿得起放得下，才能厚积薄发，举重若轻，处事从容。一个明智的人，拿得起有分量的东西，同样也放得下它，只要是服从自己内心，就可以进行另一选择。

放下的，当然是应该放下的，过去了的，不应有的，强求而难以达到的。放得下，看似消极，实质却是一种积极的心态。对于自己的过去，大可不必耿耿于怀，是好是坏都已过去，生命并非只有一处灿烂辉煌。包容过去，融通未来，创造人生新的春天，人生才更加明媚迷人。

人生并非只有一处辉煌，别处风景也许更加迷人。站在特定的时点，审时度势，做出你的选择，找到你的真正的生活目标。因此，你有时须从新的角度看待自己，重新找回自信，你会发现自己有越来越多值得欣赏的地方。

拿得起与放得下是生命中最重要的修养之一，我们只有果断清醒地放下应该放下的，随和且随缘地看待人生旅途中遇到的利害得失、祸福变故，接纳和融合所遇到的一切，才能腾出生命的空间，享有所拥有的一切。

拿得起是可贵，放得下是超脱。鲜花掌声能等闲视之，挫折、灾难能坦然承受。人生最大的敬佩是拿得起，生命最大的安慰是放得下。当迷雾消散尘埃落定的那一刻，你会发现这一切原本只是自己放不下。烦事人人有，放下自然无。

能容人者容天下

海纳百川，有容乃大。比海更大的是人的心灵。伟大的胸襟，能包容他人，包容天下。

人生在世，须得能够容人。能容人不仅能体现你的非凡气度，而且还能保持你与他人的良好关系，更重要的是：能容人的人才能得到他人的信任，赢得天下。

汉初名臣张良外出求学时曾遇到了一件改变他一生命运的事。一天，他走到下邳桥上遇到一个老人，穿着粗布衣服，在那里坐着，见张良过来，故意将鞋子掉到桥下，冲着张良说："小子，下去给我把鞋捡上来！"张良听了一愣，本想发怒，因为看他是个老年人，就强忍着到桥下把鞋子捡了上来。老人说：

"给我把鞋穿上。"张良想，既然已经捡了鞋，好事做到底吧，就跪下来给老人穿鞋。老人穿上后笑着离去了。一会儿又返回来，对张良说："孺子可教也。"于是约张良再见面。这个老人后来给张良传授了《太公兵法》，使张良最终成为一代良臣。

老人扔鞋旨在考察张良，看他有没有"容人"的修养。有了这种修养，今后才能担当"容天下"的大任，才能处理复杂的人际关系和艰巨的事情，才能遇事冷静，知道祸福所在，不意气用事。所以，我们在平时要保持一颗容人之心，处理好所遇到的人和事。

宋朝郭进任山西巡检时，有个军校到朝廷控告他，宋太祖召见了那个告状的人，审讯了一番，结果发现他在诬告郭进，就把他押送回山西，并给郭进处置。有不少人劝郭进杀了那个人，郭进没有这样做。当时正值北汉国入侵，郭进就对诬告他的人说："你居然敢到皇帝面前去诬告我，也说明你确实有点胆量。现在我既往不咎，如果你能出其不意，消灭敌人，我将向朝廷保举你。如果你打败了，就自己去投河，别弄脏了我的剑。"那个诬告他的人深受感动，果然在战斗中奋不顾身，英勇杀敌，后来打了胜仗。郭进不记前仇，向朝廷推荐了他，使他得到提升。

所以，学会容人，学会容忍别人对自己所犯的过错，不去记仇，别人必然会以自己的一技之长来酬答你。宽大自己的仇人，仇人必会找机会以死相报。原因在于你不记他的过错，给他以希望，他把报恩的感情存于胸中，所以一旦他的能量、才技被发挥出来，就能干一番大事业，对己对人，对社会都是一大贡献。那些不能容人的人，往往会因此失去人心。释一人之怨，却可以给自己创造很多机会，结一人之怨，则可能给自己埋下许多地雷。

爱德华·利伯是一个精明老练的玻璃制造商，拥有一家新英格兰玻璃公司，与其他制造商一样，利伯也渴望使他的公司发展壮大，成为玻璃制造业的巨擘。而1888年的迈克尔·欧文斯则只是利伯制造厂内一名吹玻璃的工人，同时，他还是当地颇有名望的工会领导人，在当年的罢工运动中，他带头鼓动工人反对利伯，最后迫使利伯把工厂迁往另一城市。

但是，独具慧眼的利伯在同罢工领导人的谈判中发现，血气方刚的欧文斯不仅是工人领袖，还是一个在生产、技术的改进革新方面不可多得的天才。在谈判中，欧文斯不断地指责利伯在生产管理等方面存在的缺陷。利伯不仅没有震怒，而且还从他的指责中发现了他流露出的聪颖、对玻璃生产的谙熟和对一些问题的独到见解。

于是，最后利伯把工厂迁走，并带走了一些工人，欧文斯便是其中一员。利伯不计前嫌的宽容大度，感动了欧文斯，这奠定了日后他们成功的基础。

3个月后，欧文斯就向利伯提出了一连串改革的建议，几乎皆被采纳。利伯更加赏识他，派他担任吹玻璃部门的监工，两年内，欧文斯成为该厂的主管。

出色的工作和对玻璃生产中表现出的浓厚兴趣，使利伯从欧文斯身上看到了更大的希望。1898年，他提供资金支持欧文斯试验一种生产玻璃瓶的机器。当然，欧文斯的研制并非一帆风顺，历经了一次次的失败和一次次的试验，利伯始终给予他支持和鼓励。1903 年，在欧文斯手下诞生了使玻璃工业发生革命性变化的自动制瓶机，它改革了吹玻璃的古老工艺，使之从手工操作变为大规模的自动化生产。而且，自动制瓶机的发明取代了大批手工劳动者，带来了可互换的机器零件的大批生产，带来了特别的钻模和工具。

制瓶机获得成功之后，欧文斯把注意力又转移到平面玻璃的制造上。尽管欧文斯的古怪性格令许多同事与他疏远并惹来许多纠纷，并且利伯有时也卷入其中，但利伯总能很快冷静下来，力排众议，继续支持欧文斯。利伯还为欧文斯破天荒地拨出 400 万美元，作为他 20 年期间的实验费用。

最终，欧文斯在利伯的支持下，改善了平板玻璃的制造方法，发展了一套由炉中抽取板形玻璃的设备。1917 年，利伯和欧文斯及其他合伙人，在查尔斯顿兴建了一家全自动化的工厂——从输入原料到从退火炉内不断输出待割切的玻璃板。

如果利伯没有容人之心，他成不了一位杰出的企业家，欧文斯也成不了发明家，而正是利伯的容人之心成就了他们的成功与辉煌。

所以，请学会包容别人吧，正所谓"能容人者容天下"，如果一个人无法包容另一个人，那么他又怎么会有大胸襟去容天下呢？

大丈夫能屈能伸

太刚强，遇事就会不顾后果，迎难而上，这样的人容易遭受挫折；太柔弱，遇事就会优柔寡断，坐失良机，这样的人很难成就大事。大丈夫就要能屈能伸，能刚能柔。

古人云："大丈夫能屈能伸。"然则何谓"屈"？何谓"伸"？

屈，是一种难得的糊涂，一种"水往低处流"的谦恭；是困境中求存的"耐"，在负辱中抗争的"忍"，在名利纷争中的"恕"，在与世无争中的"和"。伸，是以退为进的谋略，以柔克刚的内功，以弱胜强的气概；是"无可无不可"的两便思维，是"有也不多，无也不少"的自如心态，是"不战而胜"的上善兵法。

"能屈能伸"是大丈夫立志成业的精髓要义，是博大精深、包罗万千的大哲理、大智慧。立大志：需以"屈"处世。成大业：要靠"伸"显才。古今中外，凡做出杰出成就或干出轰轰烈烈事业的人，往往是那些能屈能伸的人。

司马懿出仕时正好 30 岁。那他这之前这么多年是在干什么呢？与诸葛亮躬耕于南阳不同，司马懿由于是名门之后，他没有做种田之类的事，他就在许昌城中，却一直对曹操避而不见，因为他从心底看不起出身低贱的曹操。

最终曹操访问了他三次，司马懿才答应出山，这与诸葛亮三顾出山多么相似呀！但与诸葛亮不同的是，当时的曹操不像刚开始创业的刘备，其"智囊团"已人才济济，初来乍到的司马懿在里面不会一下子有什么大作为。司马懿一开始做的只是一些抄抄写写工作，这对于在军事和政治上的天才司马懿来讲，可以说是"屈就"了。但司马懿并没有在乎这些，甚至，在曹操在世时，他都一直都是"屈就"着，虽然他后来的官升到了丞相府主簿，但始终没有什么带兵作战的机会。这么长时间内，他只是作为谋士提出过两次重要的计策，一是在取下汉中后劝曹操乘势进攻刘备立足未稳的西川，二是献计联合东吴共同对付得到汉中的刘备。这两个计策曹操只用了后者，但就是这一个计策使得不可一世的西蜀大将关羽命丧东吴。

司马懿当然知道自己真正的能力决不是一个普通的谋士，于是在孟达响应诸葛亮北伐时，身为荆州都督的司马懿有了第一次带兵作战的机会。他使出浑身解数，把这一仗打得十分漂亮，让自己在魏明帝曹睿心中的地位有了很大的提升。在都督曹真病逝后，司马懿继任成为都督，他终于有了和诸葛亮亲自交锋的机会。在与诸葛亮的交锋中，司马懿采取的战术很清楚，这就是坚守不战，因为这样他受到了诸葛亮的种种故意的侮辱，但司马懿此时很好地发挥了他能屈的长处，终于熬死了诸葛亮。其后他抓住机会施展自己的才能，带兵平定了魏乐浪公公孙渊的反叛，于是他在魏明帝心中的地位上升到了极点。

但魏明帝一死，执政的曹爽根本不给司马懿机会，于是司马懿又继续"屈就"下去。正是"君子报仇，十年不晚"，从魏明帝病逝到著名的"高平陵事件"，正好是十年，司马懿果断消灭了曹爽的势力，这也为后来的晋代魏拉开了序幕。

大丈夫能屈能伸，"屈"是暂时的，暂时的忍辱负重是为了长久的事业和理想。不能忍一时之屈，就不能使壮志得以实现，使抱负得以施展。"屈"是"伸"的准备和积蓄的阶段，就像运动员跳远一样，屈腿是为了积蓄力量，把全身的力量凝聚到发力点上，然后将身跃起，在空中舒展身体以达到最远的目标。

著名策士范雎刚开始时，由于他出身寒微，无人引荐，不得已只能先在魏国中大夫须贾的府中任事。

一次，须贾奉魏王之命出使齐国，范雎作为随从一同前往。齐襄王钦佩范雎的雄辩之才，便差人携金10斤及美酒赠与范雎。范雎对此深表谢意，却未敢接受齐襄王的赠礼，但仍招来了须贾的怀疑，认为他出卖了魏国的机密，于是回国之后，便将"范雎受金"的事上报给魏国的相国魏齐。魏齐不辨真假，也不做调查，便动大刑杖惩罚范雎。范雎在重刑之下，肋骨被打断，牙齿脱落。他蒙冤受屈，申辩不得，只好装死以求免祸。范雎已"死"，魏齐让人用一张破席卷起他的"尸体"，放在厕所之中，然后指使宴会上的宾客，相继便溺加以糟蹋，并说这是警告大家以后不得卖国求荣。

范雎平白无故地受了这么一场肌肤之苦和奇耻大辱，一腔效命魏国的热忱化作了灰烬。他决计离开魏国，另谋一处显身扬名的地方。范雎买通厕所的守者，将他放了出去。

范雎忍辱求全、隐身民间的时候，秦国一个叫王稽的使节来到魏国。秦国此时国力强盛，且虎视眈眈，有兼并六国的雄心。偶然的一次机会范雎与王稽见面，其才情智慧已使王稽信服，王稽决定带范雎入秦。

王稽私下带着范雎归秦，路上见对面秦国相穰侯魏冉的一队车骑驱驰而来，范雎便对王稽说："据我所知，穰侯长期把持秦国的大权，厌恶招纳其他诸侯国的客卿入秦。我与他见面，定会对我不利，所以我最好藏在车中。"于是范雎藏了起来。

魏冉的车骑到了之后，他果然询问王稽："使君出使归秦，有没有带别国客人来啊？"王稽赶快答道："不敢。"魏冉看了看王稽，然后走了。

听到魏冉一行离去的车马声，范雎这才从车中探出身来，但他心中沉思："魏冉是一个聪明人，刚才他已经怀疑车中有人，只是决心下慢了，忘记搜索而已。"范雎一念及此，当即断然对王稽说："魏冉此去，必然会后悔，必派人返回搜索使君的车辆不可。我还是下车走路避一下为好！"说完，范雎便跳下车，往道旁小径走去。

王稽于是按辔缓行，以待步行的范雎。方才走了10多里，魏冉果然遣回骑卒对王稽的车马一阵搜检，见车中确实没有外来的宾客，方才纵马而去。这样，范雎才最终脱险。

入秦后，范雎抓住机会，充分施展辩才游说秦昭王，最终取得信任。秦昭王采用范雎的谋略，对内加强了秦国的中央集权，对外使用远交近攻的霸业方略，使秦国对关东列强压力再度加强。秦昭王因此任命范雎为秦国相，封为应侯。

"大丈夫能伸能伸"，这是一条经千古锤炼而锻造出的古训，多少风云人物英雄豪杰都因善屈善伸而叱咤风云，所向披靡。所以，在逆境中，当困难和压力逼迫身心时，我们应懂得一个"屈"字，委曲求全，保存实力，以等待转机的降临。而在顺境中，当机会和环境皆有利时，我们应懂得一个"伸"字，乘风万里，扶摇直上，以顺势应时更上一层楼。

豁达可以赢得人心

以德治国，国家会昌盛，以德服人，关系会融洽。豁达的人，以德报怨，即便是仇敌也会变成朋友。

法国19世纪的文学大师雨果曾说过这样一句话："世界上最宽阔的是海洋，比海洋宽阔的是天空，比天空更宽阔的是人的胸怀。"豁达之人便拥有这样宽广的胸怀。

豁达的人懂得宽恕，有权力责罚，却不去责罚；有能力报复，却不去报复。你对敌人豁达，敌人也就自然与你拉近了距离，成为你可以依靠的人，所以豁达可以赢得人心。

在唐代，以忠直敢谏著称的魏徵一开始时是辅佐太子李建成的。他见秦王李世民声望日隆，功业渐大，就劝李建成及早除掉李世民，以免除后患，但李建成却未采纳。

玄武门兵变后，李建成被杀，李世民召见魏徵，问他："你为何离间我们兄弟？"魏徵面无惧色，答曰："太子若早听我言，必无今日杀身之祸。"按理说，魏徵必死无疑，可胸襟豁达的李世民不仅没有杀魏徵，而且非常欣赏他耿直不屈的性格，器重他的才干，拜他为谏议大夫。而魏徵也深受李世民感动，竭力辅佐他，最终没有辜负李世民的重望，成为了一代名臣。

可见，如果一个人能够做到豁达，就能大度容人、谦恭待人，这不仅会受到他人的敬重，而且能使有用之才充分发挥自己的才干，可谓利己而又利人。豁达的人，被人误解而不怨，遭人诽谤而不怒，虽然大权在握，却不倚仗权势排挤打击与自己意见不同，甚至反对自己的人。如果对方确为有用之才，他还会予以重用，或向上级举荐。

美国第一任总统华盛顿在上小学的时候，就开始了不断约束自己的行为，他辛勤地抄写了100多条"怎样成为一名绅士"的准则，其中包括不要在饭桌上剔牙，以及同别人谈话时不要离得太近以免"唾沫星子溅在人家脸上"等。

1754年，已升为上校的华盛顿率部驻防亚历山大市，当时正值弗吉尼亚州会议选举议员，有一个名叫威廉·佩恩的人反对华盛顿成为候选人。

有一次，华盛顿就选举问题和威廉·佩恩展开了一场激烈的争论，其间华盛顿失口，说了几句侮辱性的话。脾气暴躁、身材矮小的威廉·佩恩怒不可遏，挥起手中的桃木手杖将华盛顿打倒在地。

华盛顿的部下闻讯而至，要为他们的长官报仇雪恨，但华盛顿却阻止并说服大家，非常平静地退回了营地，一切由他自己来处理。

第二天上午，华盛顿托人带给威廉·佩恩一张便条，约他到当地一家酒店会面。威廉·佩恩自然而然地以为华盛顿会要求他进行道歉，以及提出决斗的挑战，料想必有一场恶斗。

到了酒店，大出威廉·佩恩所料，他看到的是酒杯，而不是手枪。华盛顿站起身来，笑容可掬，并伸出手来迎接他。"佩恩先生，"华盛顿说，"人都有犯错误的时候。昨天确实是我的过错。你已采取行动挽回了面子。假如你觉得已经足够了的话，那么就请握住我的手，让我们做个朋友吧！"

最后，这件事就这样皆大欢喜地了结了。从此以后，威廉·佩恩则成了华盛顿一个坚定的支持者和热心的崇拜者。

豁达的人就如华盛顿一样，并没有刻意去做什么笼络人心的事，有时仅仅是一杯酒、一个微笑或一次谅解，就足以让别人对他心服口服、五体投地，即便为他出生入死、肝脑涂地也在所不辞。古今中外，莫不如此。

《史记·秦本纪》记载：秦穆公曾丢失一匹良马，几经找寻未果，结果发现是被生活在岐山下的300多个乡下人捉到并分食了。官吏立刻逮捕了这些乡下人，准备将他们全部处死。穆公却说："君子不会仅仅因为一头牲畜就去伤害别人，更何况是300多条人命。我听说吃了马肉不喝酒，对人的身体不好，所以应该再给他们些酒喝。"然后秦穆公便将他们全部赦免，并赐酒请他们喝。

后来，秦国与晋国发生战争，秦穆公亲自参战，却陷入晋军重围。穆公受伤，面临生命危险。此时，岐山之下那曾偷吃马肉的300多人，飞驰冲向晋军，"皆推锋争死，以报食马之德"。结果，穆公不仅突出重围，反而还活捉了晋君。

中国有句古话，叫作"量小非君子"。我们之所以有时得不到别人的认可，得不到别人的认同，大多是因为我们不够豁达，过去曾有什么地方做得不够好。

人活一世，免不了恩怨情仇，人在各种关系交织的社会中求生存、寻幸福，并不是为了要伤害别人，对于昔日的敌人，打击报复只能为自己埋下更多的怨恨，树立更多的敌人；而如果豁达以对，给敌人以平等的待遇，不但能够感化敌人，为我所用，更能够树立自己的威望，得到更多人的尊敬和拥戴，从而有利于巩固自己的地位，最终成就一番功业。

给别人铺个台阶，留条后路

凡事不可做绝，要给别人留下余地。替人下一台阶，等于给自己造一架云梯。

在与人交往中，能适时地为陷入尴尬境地的对方提供一个恰当的"台阶"，使其不丢面子，是人的一种美德，也是做人做事的一大原则。这样，不仅能给对方留下好感，而且也有助于你树立良好的社交形象。

1953 年，周恩来总理率中国政府代表团慰问驻华的苏联官员。在我方举行的招待宴会上，一名苏军中尉翻译总理讲话时，译错了一个地方。我方一位同志当场做了纠正。这使总理感到很意外，也使在场的苏军司令大为恼火。因为部下在这种场合的失误使司令有些丢面子，他马上走过去，要撕下中尉的军衔章和领章。宴会厅里的气氛顿时显得非常紧张。

这时，周总理及时地为对方提供了一个"台阶"，温和地说："两国语言要做到恰到好处的翻译是很不容易的，也可能是我讲得不够完善。"然后他慢慢重述了被译错了的那段话，让翻译仔细听清，并准确地翻译出来，这样就缓解了紧张气氛。

总理讲完话在同苏方干杯时，还特地同翻译单独干杯。翻译在干杯时流着热泪，被感动得举着杯久久不放。

心理学的研究表明，谁都不愿在公众面前暴露出自己的错处或隐私，一旦被人曝光，就会感到难堪或恼怒。因此，在交际中我们应尽量避免触及对方所避讳的敏感区，避免使对方当众出丑，必要时还应为别人铺个台阶，让对方有路可退。

一家商场来了一位顾客，要求退换她给丈夫买的一套西装。虽然她已经把衣服带回家并且穿过了，但是她丈夫不喜欢，所以她坚持说"绝没穿过"。

售货员检查了衣服，发现有明显干洗过的痕迹。但是，她不能直截了当向顾客说明这一点，这样顾客是绝不会轻易承认的，因为她已经说"绝没穿过"，而且精心伪装了穿过的痕迹。如果双方都坚持，则可能会发生争执。于是，售货员这样说："我很想知道是否你们家的某位成员把这件衣服错送到干洗店去洗了。我记得不久前我也有过同样的经历，我把一件刚买的衣服和其他衣服一起堆放在沙发上，结果我丈夫没注意，把这件新衣服和一大堆脏衣服一股脑儿地塞进洗衣机去了。我想你是否也会遇到这种情况？因为这件衣服的确有已经被洗过的明显痕迹。不信的话，你可以跟其他衣服比一比。"

顾客比较了一下后知道无可辩驳，而售货员又为她的错误准备好了借口，顾及了她的面子，给了她一个台阶，于是她顺水推舟，乖乖地收起衣服走了，一场可能的争吵就这样避免了。

所以，要解决争执，最好的办法决不是赶尽杀绝，把对方驳得体无完肤，而是巧妙地给对方留条出路，让他自己退出。要知道，兔子急了也会咬人，更何况有着自尊心的人呢？

在北京一家著名的酒店里，一位外国客人吃完最后一道茶点后，顺手把精美的景泰蓝食筷悄悄装入自己的西装内口袋里。服务小姐看到之后，并没有当场去指出，而是不露声色地迎上前去，双手擎着一只装有一双景泰蓝食筷的小匣温和地对外国客人说："非常感谢您对这种精细工艺品的赏识。为了表达我们的感激之情，经餐厅主管批准，我代表本酒店，将这双图案最为精美并且经严格消毒处理的景泰蓝食筷送给你，并按照大酒家的'优惠价格'记在你的账簿上，你看好吗？"那位外国客人当然明白这些话的弦外之音，在表示了谢意之后，说自己"多喝了两杯白兰地"，头脑有点发晕，误将食筷放到了衣袋里，并且聪明地借此"台阶"说："既然这种食筷不消毒就不好使用，我就'以旧换新'吧！"说着取出衣袋里的食筷恭敬地放回餐桌上，接过服务小姐给他的小匣，不失风度地向付账处走去。

在生活和工作中，谁都可能会犯错误，比如念了错别字，讲了外行话，记错了对方的姓名职务，礼节有些失当，等等。如果把别人的错误当成把柄，自己也会被别人抓住把柄。当我们发现对方出错误时，只要是无关大局，就不必对此大加张扬，故意搞得人人皆知，使本来已被忽视了的小过失，一下变得显眼起来。更不应抱着抓住了别人把柄或者讥讽的态度，来个小题大做，拿人家的失误在众人面前取乐。因为这样做不仅会使对方难堪，伤害他的自尊心，使他对你反感或报复，而且也不利于你自己的社交形象，容易使别人觉得你为人刻薄，在今后交往中对你敬而远之，产生戒心。

从前有一显宦，公余之暇，喜欢下棋，自负是棋艺第一。某甲在其门下做一名食客。有一天某甲与该显宦对弈，一出手便表现出咄咄逼人之势，该显宦知道今天遇到劲敌了。棋下到后来，某甲竟逼得该显宦心神大乱，汗涔涔而下。某甲见对方焦急的神情，格外高兴，故意留一个破绽，该显宦立刻发现了，立即进攻，满以为可以转败为胜。谁知某甲突然使出撒手锏，一子落盘，很得意地说道："你还想不死吗？"该显宦正杀得兴起，突遭此打击，心中大为恼火，立起身来就走。据说该显宦向来着意于修养，胸襟比普通人宽大，但此次也觉得颜面大失，颇为不快。因此对某甲始终耿耿于怀。

而某甲呢，还是莫名其妙，他始终不懂得为什么该显宦不再与他下棋。该显宦本可以使某甲飞黄腾达，但就是因为这盘棋局，老是不肯提拔他，某甲只好郁郁不得志，以食客终其身。也许某甲会自叹命薄，谁知是忽略了对方的自尊心，抑制不住自己的好胜心，将对方赶尽杀绝，伤了对方面子，铸成了终生的大错。

我们要明白人人都有自尊心，伤害了别人的自尊，他会将之视为"奇耻大辱"，会一直耿耿于怀，随时找机会进行报复。这个故事旨在教育我们，凡事总要让对方一步，这当然不是为了博得对方的欢心，作升官发财的阶梯，而在于获得多方面的好感。

给别人留下余地，也是给自己留下余地，使自己不会因小事而受到不必要的损害。所以，在人际交往和做人做事中，我们要懂得为别人铺个台阶，留条后路，千万不要赶尽杀绝。

豁达是通往幸福的另一扇门

人的一生不可能总是一帆风顺，面对挫折时如果能保持一种豁达的心态，就能将平凡的生活过得生机勃勃，将沉重的生活变得轻松自在，甚至痛苦也会变得甜美珍贵。

豁达是什么？豁达是记住别人对自己的恩惠，忘却别人对自己的伤害；豁达是留住感恩，抛却怨恨和报复；豁达是通往幸福的另一扇门。

南非前总统曼德拉曾因为领导反对白人种族隔离的政策而入狱，白人种族主义统治者把他关在荒凉的大西洋小岛罗本岛上27年。当时曼德拉年事已高，但白人统治者依然像对待年轻犯人一样对他进行残酷的虐待。

罗本岛上布满岩石，到处是海豹、蛇和其他动物。曼德拉被关在总集中营中的一个"锌皮房"，白天打石头，将采石场的大石块碎成石料。有时他要下到冰冷的海水里捞海带，有时采石灰——每天早晨排队到采石场，然后被解开脚镣，在一个很大的石灰石场里，用尖镐和铁锹挖石灰石。因为曼德拉是要犯，看管他的看守就有3人。他们对他并不友好，总是寻找各种理由虐待他。

1991年曼德拉出狱当选了总统，谁也没有想到，他在就职典礼上做出了一个震惊整个世界的举动。

总统就职仪式开始后，曼德拉起身致辞，欢迎来宾。他依次介绍了来自世界各国的政要，然后他说，能接待这么多尊贵的客人，他深感荣幸，但他最高兴的是，当初在罗本岛监狱看守他的 3 名狱警也到场了。随即他邀请他们起身，并把他们介绍给大家。

曼德拉的博大胸襟和豁达态度，令那些残酷虐待了他 27 年的白人汗颜，也让所有到场的人肃然起敬。看着年迈的曼德拉缓缓站起，恭敬地向 3 个曾关押他的看守致敬，在场的所有来宾以至整个世界，都静下来了。

后来，曼德拉向朋友们解释说，自己年轻时脾气暴躁，性子很急，正是狱中生活使他学会了控制情绪，因此才活了下来。牢狱岁月给了他时间与激励，也使他学会了如何处理自己遭遇的痛苦。他说，豁达与宽容常常源自痛苦与磨难，必须通过极强的毅力来训练。获释当天，他的心情平静："当我走出囚室、迈过通往自由的监狱大门时，我已经清楚，自己若不能豁达以对当初的悲痛与怨恨，那么我其实仍在狱中。"

所以，豁达是通往幸福的另一扇门，它让我们的心灵走出痛苦的监狱，卸下沉重的镣铐，微笑着走向新的生活。而易怒的人、记恨的人，心中总是充满了怨恨。这些怨恨将堵住他们通往幸福的路。

古希腊神话中有一位大英雄叫海格力斯。一天他走在坎坷不平的山路上，发现脚边有个袋子似的东西很碍脚，海格力斯很生气，于是踩了那东西一脚，谁知那东西不但没被踩破，反而膨胀起来，加倍地扩大着。海格力斯恼羞成怒，操起一根碗口粗的木棒砸向它，结果那东西竟然胀大到把路堵死了。

正在这时，山中走出一位圣人，对海格力斯说："朋友，快别动它，忘了它，离开它远去吧！它叫仇恨袋，你不犯它，它便小如当初；你侵犯它，它就会膨胀起来，挡住你的路，与你敌对到底！"

愤怒、仇恨等就像那个仇恨袋，会越积越多，越来越大阻塞我们的幸福之路。而豁达却正是心胸狭窄、斤斤计较的天敌。对来自无意间的伤害，它是宽厚；对窃窃私语，它是漠视；对敌意的攻击，它是忍让；对相左的见解，它是理解；对前辈，它是尊敬；对后生，它是呵护；对幼稚，它是宽容；对弱者，它是爱心。

而且，许多事实也证明了豁达、开朗大度的人耳聪目明、心静神清。这样的人做事沉稳、处理问题颇有大将风度。

《三国演义》中的曹操虽兵败赤壁被周瑜火烧得几乎全军覆没，但在危难之中，曹操仍然仰天长笑，用豁达的心胸发出"胜败乃兵家常事"的感叹。最后终于以顽强拼搏的精神带领残余部下走出泥沼扬长而去。

豁达的人，不计较一城一池的得失，得之淡然，失之泰然，故能成大事。人有旦夕祸福，月有阴晴圆缺，人生在世，总是有得有失，既然得失难测，祸福无常，何不豁达一些。"宠辱不惊，看庭前花开花落。去留无意，望天上云卷云舒"，那份幸福，是我们一直在追求着的，而让人真正活得如此幸福的只有豁达。

第六章

学会行动 ——
躺着空想，不如站起来行动

躺着空想，不如站起来行动

　　成功地将一个好主意付诸实践，比在家里空想出 1000 个好主意
要有价值得多。没有行动，再远大的目标只是目标，再完美的设想
也仅仅是设想，要想使其变为现实，必须付出行动。

　　在远古的时候，有两个朋友，相伴一起去遥远的地方寻找
人生的幸福和快乐。一路上，两个人风餐露宿，在即将到达目
标的时候，遇到了一片风急浪高的大海，而海的彼岸就是幸福
和快乐的天堂。关于如何渡过这片海，两个人产生了不同的意
见：一个建议采伐附近的树木造成一条木船渡过海去；另一个
则认为无论哪种办法都不可能渡得了这片海，与其自寻烦恼和
死路，不如等这片海流干了，再轻轻松松地走过去。

于是，建议造船的人每天砍伐树木，辛苦而积极地制造船只，并顺带着学会游泳；而另一个则每天躺下休息睡觉，然后到河边观察海水流干了没有。直到有一天，已经造好船的朋友准备扬帆出海的时候，另一个朋友还在讥笑他的愚蠢。

不过，造船的朋友并不生气，临走前只对他的朋友说了一句话："去做一件事不见得一定能成功，但不去做则一定没有机会得到成功！"

能想到躺到海水流干了再过海，这确实是一个"伟大"的创意，可惜的是，这却是个注定永远失败的"伟大"创意。

这片大海终究没有干枯掉，而那位造船的朋友经过一番风浪最终到达了彼岸，这两人后来在这片海的两个岸边定居了下来，也都各自衍生了许多子孙后代。海的一边叫幸福和快乐的沃土，生活着一群我们称为勤奋和勇敢的人；海的另一边叫失败和失落的原地，生活着一群我们称为懒惰和懦弱的人。

临渊羡鱼，不如退而结网。与其羡慕幻想，不如马上行动。有条件不做等于没有条件，没有条件可以在做的过程中创造条件。想法只有化作行动，才有达成愿望的可能，否则想法永远是想法。

想到了就去做，人的潜能是无法预测的。只要有了好的想法，然后立即行动，相信谁都可以成功，关键看你是否将想法付诸行动。

从前有两个和尚，一个很有钱，每天过着舒舒服服的日子；另一个很穷，每天除了念经时间外，就得到外面去化缘，日子过得非常清苦。

有一天，穷和尚对有钱的和尚说："我很想去拜佛，求取佛经，你看如何？"

有钱的和尚说："路途那么遥远，你怎么去？"

穷和尚说："我只要一个钵、一个水瓶、两条腿就够了。"

有钱的和尚听了哈哈大笑，说："我想去也想了好几年，一直没成行的原因就是旅费不够。我的条件比你好，我都去不成，你又怎么去得了？"

然而，过了一年，穷和尚回来，还带了一本佛经送给了有钱的和尚。有钱的和尚看他果真实现了愿望，惭愧得面红耳赤，一句话也说不出来。

我们并不能在行动之前把所有可能遇到的问题统统消除，但是我们可以在行动中克服各种困难。

正因为有不少人总想着等到有100%把握了才行动，反而陷入了行动前的永远等待中。有的人甚至连一个小小的愿望都要等到所有条件都满足后才开始行动。你不可能等到所有条件都成熟后再行动。如果是那样，恐怕也就错过最佳的时机了。

正因为如此，很多人一辈子干不成一件事情，永远处于等待中。只有那些想到就马上动起来的人，才是真正能改变现状的人。

"想到就去做"这好像是一句广告词。说起来，人人皆知，可又有几个人能真的"想到就去做"呢？

美国成功学家格林演讲时，曾不止一次地对听众开玩笑说，全球最大的航空速递公司——联邦快递（FedEx）其实是他构想出来的。

格林没说假话，他的确曾有过这个主意。20世纪60年代格林刚刚起步，在全美为公司做中介工作，每天都在为如何将文件在限定时间内送往其他城市而苦恼。

　　当时，格林曾经想到，如果有人开办一个能够将重要文件在24小时之内送到任何目的地的服务，该有多好！

　　这想法在他脑海中停留了好几年，他也一直经常和人谈起这个构想，遗憾的是，他没有采取行动，直到一个名叫弗列德·史密斯的人（联邦快递的创始人）真的把它转换为实际行动。从而，格林也就与开创事业的大好机会擦身而过了。

　　格林用自己的故事现身说法：成功地将一个好主意付诸实践，比在家里空想出1000个好主意要有价值得多。没有行动，再远大的目标只是目标，再完美的设想也仅仅是设想，要想使其变为现实，必须付出行动。

　　可见，行动才是最终决定力量，无论你的计划多么详尽、语言多么动听，你不开始行动，就永远无法达到目标。在一生中，我们有着种种计划，若能够将一切憧憬都抓住，将一切计划都执行，那么，事业上所取得的成就将是多么的伟大！

目标是行动的指南

　　对于一只盲目航行的船来说，所有的风都是逆风。

　　很多人随波逐流，空忙一生，一事无成……这一幕幕悲剧的根源，就在于缺乏自己的人生目标。要知道，目标是行动的指南，没有或迷失了方向，行动就很难成功，更不会有所成就。

1960 年，美国哈佛大学对当年的毕业生进行了一次关于人生目标的调查，调查结果显示：27% 的人，没有目标；60% 的人，目标模糊；10% 的人，有清晰但比较短期的目标；只有 3% 的人，有清晰而长远的目标。

1985 年，即 25 年后，哈佛大学再次对这一批毕业生进行了跟踪调查，结果是这样的：3% 的人，25 年间他们朝着一个既定的方向不懈努力，现在大都成为社会各界的成功人士，其中不乏行业领袖、社会精英；10% 的人，他们的短期目标不断实现，成为各个行业、各个领域中的专业人士，大都生活在社会的中上层；60% 的人，他们安稳地生活与工作，但没什么特别突出的成绩，他们大都生活在社会的中下层；剩下 27% 的人，他们的生活没有目标，生活很不如意，并且常常在抱怨他人，抱怨社会，抱怨一切，他们挣扎在社会的最底层。

其实，他们之间的差别仅仅在于：25 年前，他们中的一些人知道自己的人生目标，而另一些人不清楚或不是很清楚自己的人生目标。要想获得成功，最重要的不是我们现在所处的位置，而是我们行动的方向。

古罗马的小塞涅卡说过："有些人活着没有任何目标，他们在世间行走，就像河中的一棵小草，他们不是行走，而是随波逐流。"人生有了目标，好比手里有了生命之旅的车票，你能确切地知道自己该去哪儿，何时停站，何时到达。没有目标，人生也就没有了方向，也就没有了生活的动力，这就如同面对一个看不见的对手，你握紧了拳头都不知打向哪里。

《福布斯》世界富豪、日籍韩裔富豪孙正义19岁的时候曾做过一个50年生涯规划：20多岁时，要向所投身的行业，宣布自己的存在；30多岁时，要有1亿美元的种子资金，足够做一件大事情；40多岁时，要选一个非常重要的行业，然后把重点放在这个行业上，并在这个行业中取得第一，公司拥有10亿美元以上的资产用于投资，整个集团拥有1000家以上的公司；50岁时，完成自己的事业，公司营业额超过100亿美元；60岁时，把事业传给下一代，自己回归家庭，颐养天年。现在，孙正义正在逐步实现着他的计划，从一个弹子房小老板的儿子，到今天闻名世界的大富豪，孙正义只用了短短的十几年。

富人与穷人的区别就在于富人有自己明确的奋斗目标。要想成为富人就必须确定成为富人的目标，然后坚定不移地向你认为正确的方向努力。当你确定好你的人生方向时，才能成为一艘有航行目标的船，任何方向的风都会成为顺风。当你拎起第一桶金后，你会发现赚第二个100万比第一个100万简单容易得多。

那么如何确认你的目标呢？又怎么去实现目标呢？你只要按照下面的几个要点去做就行了：

（1）目标必须是明确的、可达到的。明确地写出你的答案。比方说，如果你想做个企业家，那么你想从事哪一行业，主要做什么业务？一定要尽可能地明确。

（2）把目标写下来并问自己为什么要实现这个目标。把目标写在纸上，同时列出实现目标的好处和理由。好处和理由越多，你就越能认识到目标的重要性和必要性，从而更有动力和紧迫感。你可以把目标写在卡片上随身携带，经常用来参考，也可以把目标深埋在心中。

（3）制定实现目标的期限。没有期限，就等于没有目标，有期限才会有压力。

（4）明确实现目标过程中的困难和障碍。在一张纸上写出实现目标的过程中可能会遇到的困难和障碍，然后根据重要性和难度设定优先顺序，再仔细考虑解决问题的方法。

（5）找出能提供帮助的人和组织。列出在实现目标的过程中，哪些人或者组织能为你提供帮助。一个人的能力毕竟有限，借助他人的力量，很多事情就能迎刃而解。

（6）根据目标制订计划。如果目标过于长远和虚无，你最好将目标细分为计划。为目标制订一个切实可行的计划，一定要明确详细，年有年计划，月有月计划，周有周计划。

（7）不断调整和完善目标。社会和条件是不断变化的，所以，根据实际情况调整和完善目标是很有必要的。

（8）按期评估和考核。没有评估和考核，缺乏监督和调整，一切目标都是没有意义的。

（9）马上行动，放手去做。没有行动，再好的计划也只是梦想，无法成为现实。

心理学家经过调查发现，成功人士大都有两个共同点：第一，明确地知道自己的目标；第二，能够朝着目标坚持行动。目标是人生的核动力，是效率的加速器，是战胜困难的自信心。所以，从现在就开始，向着你的目标行动吧！

成功其实很简单

成功真的很简单。因为在我们身边，许多偶然的事件之中蕴含着巨大的机遇。只要你细心观察，发现机遇，积极行动，你就有可能改变你的人生。

香子兰是一种豆科植物，它在花落后会结出豆荚形的果实。成熟的香子兰果实晒干变黑后，就会成为散发浓郁香味的香料，这种香料，可以被广泛用于食品和化妆品。由于产量低，其价格仅次于藏红花，是世界第二昂贵的调味"香料之王"。最初，香子兰只生长在墨西哥，这是因为只有墨西哥特有的长鼻蜂才能使其授粉结果。因为香子兰果实的珍稀与贵重，当地的印第安人部落经常为争夺它发生武力冲突。

1793 年，南印度洋留尼汪火山岛上的居民引进了香子兰和为之授粉的长鼻蜂。那年春天，香子兰在岛上生长茂盛，并开出了淡黄色的花朵，这令留尼汪人很高兴。但令人们想不到的是，那些长鼻蜂竟然出了问题：它们无法适应火山岛上的生活，最后都死去了，而当地蜜蜂对这种外来植物毫无兴趣。

香子兰的花期短暂，每朵花只开一天，没有授粉者，就意味着这些花朵全部凋谢却结不出一颗果实！人们心急如焚，只能眼看着花谢而绝望。

一天，一个心有不甘的留尼汪人偶然用手捻了一下一朵香子兰花的花蕊，没想到这一捻竟捻出了奇迹，不久以后，这株香子兰结出了香喷喷的果实。这样，岛上的人们才知道，香子兰是雌雄同体的植物，没有长鼻蜂，人工也可以为它授粉。这个发现，使得香子兰的足迹开始遍及世界。

如今，每当香子兰花开时，人们只要随身带一个长长的针，刺一下花蕊，就完成了授粉任务。

香子兰的故事告诉我们：有时，奇迹与我们只相隔一朵花的距离，有些人因为无动于衷、消极等待而失之交臂，而有些人只是动了一下手指，奇迹就出现在眼前。所以，只要你积极行动，努力尝试，成功其实也可以很简单。

与海水相比，空气到处都有，呼吸即得，那么，你想到过出卖空气吗？

大都市里的人们往往生活在污浊的空气中，早已有人打起了空气的主意，比如空调器、加湿气、负离子发生器，等等。然而，这些玩意儿虽然有一定的效果，但仍不能使人有如置身大自然的感觉。

有一位日本人机敏地抓住了这个机会，把山林、田野、草地间的清新空气收集起来，生产出不可思议的产品——只有一股气儿的"空气罐头"。

对那些日夜饱受污浊大气之苦的大都市有钱人来说，一打开空气罐头，扑面而来的是一股股真实清新的大自然的气息，闭上眼睛便可以体会到置身山林、田野、草地的感觉，那可真是心旷神怡的享受啊！结果，空气罐头销路出奇的好，那个日本人也发了大财。

看来，成功真的很简单。因为在我们身边，许多偶然的事件之中蕴含着巨大的机遇。只要你细心观察，发现机遇，积极行动，你就有可能改变你的人生。

绝不为自己找借口

没有人与生俱来就会表现出能与不能，是你自己决定要以何种态度去对待问题。保持一颗积极、绝不轻易放弃的心去面临各种困境，而不要让借口成为你工作中的绊脚石。

世界上最容易办到的事是什么？很简单，就是找借口。狐狸吃不到葡萄，它就找出一个借口：葡萄是酸的。我们都讥笑狐狸的可怜，但我们又不自觉地为自己找借口。

在我们日常生活中，常听到这样一些借口：上班晚了，会有"路上堵车""闹钟坏了"的借口；考试不及格，会有"出题太偏""题目太难"的借口；做生意赔了本有借口；工作、学习落后了也有借口……只要有心去找，借口总是有的。

久而久之，就会形成这样一种局面：每个人都努力寻找借口来掩盖自己的过失，推卸自己本应承担的责任。于是，所有的过错，你都能找到借口来承担，借口让你丧失责任心和进取心，这对于你的生活和工作都是极其不利的。

没有人与生俱来就会表现出能与不能，是你自己决定要以何种态度去对待问题。保持一颗积极、绝不轻易放弃的心去面临各种困境，而不要让借口成为你工作中的绊脚石。

年轻的亚历山大继承了马其顿的王位后，拥有广阔的土地和无数的臣民，可这并不能满足他的野心。一次，亚历山大因一场小型战争离开故乡，他的目光被一片肥沃的土地吸引，那里是波斯王国。于是，他指挥士兵向波斯大军发起了进攻，并在一场又一场战斗中打败了对手。随后陷落的是埃及。埃及人将亚历山大视为神一般的人物。卢克索神庙中的雕刻表明，亚历山大是埃及历史上第一位欧洲法老。为了抵达世界的尽头，他率领部队向东，进入一片未知的土地。20多岁的时候，他就已经击败了阿富汗的地区头领。接着，他又很快对印度半岛上的王侯展开了猛烈进攻……

在仅仅10多年的时间里，亚历山大就建立起了一个面积超过200万平方英里的帝国。因为他在任何情况下都不找借口，即使是条件不存在，他也毫不犹豫地去创造条件。

做事没有任何借口。条件不足，创造条件也要上。美国成功学家拿破仑·希尔说过这样一段话："如果你有自己系鞋带的能力，你就有上天摘星的机会！"让我们改变对借口的态度，把寻找借口的时间和精力用到努力工作中来。因为工作中没有借口，失败没有借口，成功也不属于那些找借口的人！

第二次世界大战时期的著名将领蒙哥马利元帅在他的回忆录《我所知道的二战》中有这样一个故事：

"我要提拔人的时候，常常把所有符合条件的候选人集合到一起，给他们提一个我想要他们解决的问题。我说：'伙计们，我要在仓库后面挖一条战壕，8英尺长，3英尺宽，6英寸深。'说完就宣布解散。我走进仓库，通过窗户观察他们。

"我看到军官们把锹和镐都放到仓库后面的地上，开始议论我为什么要他们挖这么浅的战壕。他们有的说6英寸还不够当火炮掩体。其他人争论说，这样的战壕太热或太冷。还有一些人抱怨他们是军官，这样的体力活应该是普通士兵的事。最后，有个人大声说道：'我们把战壕挖好后离开这里，那个老家伙想用它干什么，随他去吧！'"

最后，蒙哥马利写道："那个家伙得到了提拔，我必须挑选不找任何借口地完成任务的人。"

一万个叹息抵不上一个真正的开始。不怕晚开始，就怕不开始。没有第一步，就不会有万里长征；没有播种，就不会有收获；没有开始，就不会有进步。因此，你千万不要找借口，再困难的事只要你尝试去做，也比推辞不做要强。

懒惰是精神腐蚀剂

懒惰是一种精神腐蚀剂。因为懒惰，人们不愿意爬过一个小山岗；因为懒惰，人们不愿意去战胜那些完全可以战胜的困难。

记得有位哲人说过："懒惰，像生锈一样，比操劳更能消耗身体——经常用的钥匙总是闪闪发亮的。"懒惰，不但让你一事无成，还会贻害无穷。

谁都知道，深海里氧气稀薄，但为了生存，很多动物不得不根据深海里的环境来进化自己：它们尽量减少活动或者干脆不动，长期蛰伏在一处，以减少身体对氧气的需求。所以，尽管深海里环境恶劣，还是有不少动物顽强地生存了下来。最近，美国的一家海湾水族馆研究所，由克雷格·麦克莱恩领导的一项研究发现，生活在深海里的动物渐渐减少的原因，居然不是因为氧气的减少，而是因为氧气的增多。

在南加州海域，就因为移植了大量含氧海藻，而导致许多深海动物消失。人们以为含氧海藻能够改善深海动物的生存环境，没想到反而害了那些动物。因为含氧海藻是一种能够制造氧气的深海植物，是普通海藻造氧量的100倍。

照理来说，增加了氧气的深海对鱼类应该是一件有益的事，可是因为千百年来，那些长期蛰伏于一处不动的深海动物已经适应了缺氧的环境，突然有新鲜的氧气注入，便容易产生氧气中毒。不会氧气中毒的方法只有一个，那就是迅速改变原有的生活习惯，改静止为动态。只有不停地游动，才能够加速呼吸，让过量的氧气排出体外，这样，过量的氧气不但对它们构成不了威胁，反而会让它们更加具有活力。

所以，生活在深海中的动物很快便会分为两种：一种因为无法改变自己原有的"懒散"的生活习性而变得无所适从，甚至被"淘汰"了；而另一种则一改往日的静止而快速行动起来，因为适应了由大量氧气注入的新环境而变得"如鱼得水"。

克雷格·麦克莱恩最后得出结论：不是氧气害了那些深海动物，而是它们自己的懒惰习性。

对从事任何种类工作的人而言，懒惰都是一种堕落的、具有毁灭性的东西。懒惰、懈怠从来没有在世界历史上留下好名声，也永远不会留下好名声。只有多行动，依靠自己的辛勤劳动，才能创造美好未来。

20世纪初叶，一个华人泥水匠在美国洛杉矶北部一条铁路附近建了一座很漂亮的塔。他在那里打工时认识了一个比他小20岁的黑人姑娘。他天天买甜饼给她吃，后来二人渐渐有了感情，黑人姑娘就嫁给了他。那块空荡荡的荒地就是他为她而买下的，住房像一个工棚，很简陋，但后院却很大。黑人妻子坚持要在后院修建一个游泳池，起初他依了她，但后来他还是不顾她的阻拦把游泳池拆了，要改建成一座塔。修塔的时候，他也说不上有什么目的。他发动自己的孩子和周围的儿童去捡碎酒瓶和破瓷片，然后他再粘贴在塔上。妻子认为建塔没有什么用，他不听，妻子就带着孩子们走了。他一个人每天一点一点地建，总共花了34年的时间，终于把塔建成了。

但最后他却走了，把房子、院子和塔都交给了邻居的老头儿看管。当地警长要拆毁这个塔，说它不安全，倒下来会砸伤人。可一位大学教授呼吁全社会保护那座塔，并请来了力学专家鉴定塔的安全性能。专家用10000磅的拉力也没有拉倒塔，证明塔是坚固的，于是作为重点文物保护下来，那位大学教授也因保护那座塔而声名远播。

世界上有很多的事情最初是看不出它的端倪的，就说那个华人泥水匠建的塔，他随意而建，毫无目的，于是，当他日积月累地建成了，就成了一种建筑艺术珍品，就成了珍贵的文化遗产。那位支持他的大学教授对那座塔进行过多年研究，并在三藩市找到了已78岁的建塔老人。大学教授把他请上讲台，要他给大学生做一次学术报告，讲讲当年建塔的原始冲动。他说："我当初建塔就像咳嗽一样地忍不住。"大学生们笑了，教授补充说：这是老先生的幽默，而我们应该领会到他所表达的一个真理，那就是艺术家都有最原始的创作冲动。

大凡灵感都像咳嗽一样忍不住，会产生一种原始的冲动，而将那种原始的冲动付诸实施，就会成就一件艺术珍品或者某种发明创造。当然，原始的冲动也是厚积薄发的，它来源于勤思与实践。一个懒惰的人，灵感是不会光顾他的。

懒惰是一种精神腐蚀剂。因为懒惰，人们不愿意爬过一个小山岗；因为懒惰，人们不愿意去战胜那些完全可以战胜的困难。因此，那些生性懒惰的人不可能在社会生活中成为一个成功者，他们永远是失败者。成功只会光顾那些辛勤劳动的人们。

在行动中完善自己

只有自己付出行动，去亲身实践体会，得到的才是真正属于自己的见识和智慧。

有座仓库里放了两把犁，其中一把满是铁锈，另一把却无比光亮。生锈的犁嫉妒地看着它熠熠生辉的邻居说："为什么你这么光滑帅气，我却全身乌黑，毫无光彩。不公平，我要求给予平等！"光滑的犁说："我的光彩来自于我的艰辛劳动。"

同样是两把犁，为什么一把锈迹斑斑，另一把光亮如新？很简单，差别就在于行动。勤于行动，才能让自己保持光亮。同样的道理，只有在行动中，人才能得以完善自己。

一个年轻人因为失业生活渐入窘境，走到海边去自尽。一个老者向他讲了一段话：假如你手中有一粒沙子，你扔向沙滩，你很难在沙滩中找回这粒沙子；但假如你是一粒灼灼发光的珍珠，你扔向沙滩，你就能飞快地从沙滩中找回珍珠。

我们都在同一个起跑线上，要使自己脱颖而出，首先得让自己变得不同寻常，使自己与其他人相比更加优秀！

那么，要怎么优秀呢？如何才算优秀呢？优秀是一种习惯，生命更是个过程。因此，我们要从行动中完善自己，因为行动决定习惯，习惯决定性格，性格决定命运！因此可以说，行动决定了一个人今后的命运！

英国剧作家萧伯纳说过：行动是通往知识的唯一道路。只有把理论和实践结合起来，在行动中完善自己，才能真正得到属于你自己的知识。否则，即使你满腹经纶，学贯中西，那也都是别人的知识和理论，并不能转化成你自己的智慧和能力。

战国时期，王子期驾驭车马的技术非常高超，世人皆知。赵襄子来向王子期学习驾车。可是，学了很久，与王子期驾车比赛时，他总是落后。赵襄子认为王子期没有把最好的技术教给他。王子期解释说："主公，我怎敢不把驾车的全部技术都教给您呢？您在几次比赛中失败，主要原因是您只懂驾车理论却不会运用呀！我在比赛时，并不十分在意输赢，而是想尽一切办法让马儿跑得舒适流畅些；您却一心一意想争先，根本不顾马的死活，因此总是不能争得第一。"

赵襄子向王子期学习驾车很久，比赛时却总是落后，原因在于他不会把学到的知识运用到实践中去。知识转化为实践能力，需要在社会生活中反复实践，反复运用。课本上学到的东西，不去实践中广泛运用，并在实践中不断总结经验，是不会转化成自己的真正才能的。

"读万卷书，行万里路"，就是提倡深入实际、深入生活、深入实践，有好多知识非得在实践中才能学得到。从现代科学的角度看，人的能力有 30 多种，能通过书本学到的只有那么几种，更多的是师法自然，在实践中去锻炼提高。这就是很多好动爱实践的学生日后成才的原因。

在科技进步一日千里的今天，人们不出门就可以知道天下事了。但是传闻和一些简单的介绍是有局限的，自己亲身经历的才是真正可靠的。有段顺口溜说得好：

"不到印度不知道人还得给牛让道；不到新加坡不知道四周都是水还得管别人要；不到西班牙不知道被牛拱到天上还能哈哈大笑；不到奥地利不知道连乞丐都可以弹个小调；不到丹麦不知道写个童话可以不打草稿；不到斯堪德勒维亚不知道太阳也会睡懒觉；不到巴西不知道衣服穿的很少也不会害臊；不到智利不知道火车在境内拐个弯都很难办到……"

美国作家马克·吐温说过："只有通过实践，别人的智慧才能成为你的经验！否则你和一个藏书的书柜有什么区别呢？"所以，在行动中完善自己这个道理在任何时候、任何阶段都是适用的，只有自己付出行动，去亲身实践体会，得到的才是真正属于自己的见识和智慧。

"读万卷书，行万里路"，就是知行合一，这对于人生很有现实意义。

仪表是人的门面

通常一个人不了解一本书之前，他都是看书的封面来判断书的好坏。一个人不了解另一个人之前，都是看他的穿着。

著名寓言家克雷洛夫写过这样一个寓言：有个聪明人去参加一个朋友的聚会。朋友家养了一条非常乖巧的狗，看到有客人进门就走过去，摇头摆尾，好不殷勤。客人们纷纷夸奖狗聪明，主人被夸奖得飘飘然："只要外人一进门，我这狗就会大声吠叫。"

聪明人这时候刚好赶到，朋友的狗猛烈地吠起来了。聪明人笑着对朋友说："难道我是外人？我又不是第一次来，为什么总是对我叫呢？"朋友只好尴尬地辩解："可能它还没熟悉你的气味吧。"

聪明人笑了笑，说要做个游戏。众人来了兴趣，纷纷表示支持。

聪明人找了一套做工精良的衣服，给外面一个流浪汉穿上。流浪汉穿上衣服后，大摇大摆地进了这位朋友的家门，狗跑上去摇头摆尾。这时候，聪明人笑着对大家说："从某种程度上来说，这是条聪明的狗，它已经能辨别衣服的好坏了。看来我下次不穿好一点，是进不了这个门了！"

众人恍然大悟，原来这条狗只认衣服不认人啊！

通常一个人不了解一本书之前，他都是看书的封面来判断书的好坏。一个人不了解另一个人之前，都是看他的穿着。根据科学家研究，人其实是很感性的动物，人们往往会不由自主地根据第一印象来判断一个人，而且一旦对一个人形成一种判断就很难消除。人们给他人的第一印象中，有 95% 是来自仪表，因为人的表面有 95% 是被衣服所包裹着的。

所以，第一印象中，穿着是一个决定性的因素。海飞丝广告中有句话，"你没有第二次机会给人留下第一印象"，非常经典，也非常正确。

　　一个衣冠楚楚的仪表能告诉别人："这里站着一个精明强干、很有前途，并且能担当大任的人。他值得受人器重与信任。由于他很尊重自己，因此我也要尊重他。"

　　而衣着邋遢者就令人不敢恭维了。他们的仪表就告诉别人："这是个落魄的人，他不修边幅，毫无效率，是那种可有可无的小人物。他根本不值得被认真重视。"

　　美国著名推销员特纳在做印刷厂的推销员时，是一位善于着装的人，登门推销时，第一次他可能穿的是套头宽松毛衣；第二次来访他就会换上白衬衫、红领带、西装革履；第三次他又会是牛仔裤、T恤衫……总之他的服装色彩、样式搭配非常和谐，简直像在做时装秀。也正因为如此，他给顾客留下了很好的印象。

　　特纳主要推销印刷业务，一般公司的广告设计、图表、文件对配色、配图、剪接、图案、选定字型等都要求印厂具有敏锐的感觉力，而这位推销员的着装变化，正显示了他这方面的能力，从而赢取了顾客的信任，扩大了产品的销售。

　　注重自己的衣着，这的确是一个良好的习惯。整洁、干净、得体的衣着，既给自己一种自信的感觉，也是对他人的尊敬，它体现了你良好的个人修养。一个人的穿着打扮也表现了一个人的偏好、价值观、审美观、人生观和个性，你在以你的穿着向世界展示着你是一个什么样的人。

一勤天下无难事

　　勤奋能塑造卓越的伟人，也能创造最好的自己。大凡有作为的人，无一不与勤奋有着深厚的缘分。

　　古人说的好：一勤天下无难事。勤奋能塑造卓越的伟人，也能创造最好的自己。爱因斯坦曾经说过，"在天才和勤奋之间，我毫不迟疑地选择勤奋，她几乎是世界上一切成就的催化剂"。高尔基还有这么一句话："天才出于勤奋。"卡莱尔更激励我们说："天才就是无止境刻苦勤奋的能力。"

　　大凡有作为的人，无一不与勤奋有着深厚的缘分。古今中外著名的思想家、科学家、艺术家，他们无不是勤奋耕作走向成功的典型。

　　1601 年的一个傍晚，丹麦天文学家第谷·布拉赫卧在床上，生命已经垂危。他的学生德国天文学家开普勒坐在一张矮凳上，倾听着老师临终的话："我一生以观察星辰为工作，我的目标是1000 颗星，现在我只观察到 750 颗星。我把我的一切底稿都交给你，你把我的观察结果出版出来……你不会让我失望吧？"

　　开普勒静静地坐着，点了点头，眼泪从脸颊上流了下来。

　　为了不辜负老师的嘱托，开普勒开始勤奋工作。但是他的继承引起了布拉赫亲戚们的妒忌，不久，他们合伙把作为遗产的底稿全部收了回去。无情的挫折没能使开普勒屈服，他日夜牢记着老师的托付"我的目标是1000 颗星"。开普勒顽强地进行实地观测，每天只睡几个小时，吃住都在望远镜边，开始了枯燥单调的天文工作。751，752，753……20多年过去了，终于在1627年，开普勒实现了老师的遗愿。

天才出自于勤奋，伟大来自于平凡的努力，没有人能随随便便成功。没有细致耐心的勤奋工作，也不会有大的成就。

所谓勤，就是要人们善于珍惜时间，勤于学习，勤于思考，勤于探索，勤于实践，勤于总结。看古今中外，凡有建树者，在其历史的每一页上，无不都用辛勤的汗水写着一个闪光的大字——"勤"。

德国伟大诗人、小说家和戏剧家歌德，前后花了58年的时间，收集了大量的材料，写出了对世界文学和思想界产生很大影响的诗剧《浮士德》；

马克思写《资本论》，辛勤劳动，艰苦奋斗了40年，阅读了数量惊人的书籍和刊物，其中做过笔记的就有1500种以上；

我国著名的数学家陈景润，在攀登数学高峰的道路上，翻阅了国内外相关的上千本资料，通宵达旦地看书学习，取得了震惊世界的成就。

记得有人说过："天才之所以能成为天才，只不过是因为他们比一般人更专注更勤奋罢了。"的确，没有人能只依靠天分成功。上天只能给人天分，只有勤奋才能将天分变为天才。

曾国藩是中国历史上最有影响力的人物之一，然而他小时候的天赋却不高。有一天在家读书，他把一篇文章反反复复地朗读了不知道多少遍，还是没有背下来。这时候他家来了一个贼，潜伏在他的屋檐下，希望等曾国藩睡觉之后捞点好处。

可是等啊等，就是不见他睡觉，一直翻来覆去地读那篇文章。贼人大怒，跳出来说："这种水平读什么书？"然后将那文章背诵一遍，扬长而去！

贼人是很聪明，至少比曾先生要聪明，但是他只能成为贼，而曾先生却成为近代史上的风云人物。其中奥妙何在？无非一个勤字。"勤能补拙是良训，一分辛苦一分才。"

可见，任何一项成就的取得，都是与勤奋分不开的，古今中外，概莫能外。伟大的成功和辛勤的劳动是成正比的，有一分劳动就有一分收获，日积月累，从少到多，奇迹就可以创造出来。

无论多么美好的东西，人们只有付出相应的劳动和汗水，才能懂得这美好的东西是多么地来之不易，因而愈加珍惜它。这样，人们才能从这种"拥有"中享受到快乐和幸福。

如果能试着按下面的方法去做，你就能变得勤奋，你的努力也会更加有效：

（1）要做一些自己喜欢的事情；学会自己做决定，哪怕是已定的事情也要学着自己决定一下；从小事开始，先做一些有把握成功的事情；把激发自己热情的事情记录下来；珍惜生命；鼓励自己，和热情的人在一起。

（2）会休息的人才会工作。充分休息，自我放松，培养愉快的心情。在积极的心态下行动，才能事半功倍。

（3）做一个详细具体的计划，让自己的工作有计划、有规律，然后努力把眼前的事情做好。

（4）只顾忙碌而不注重效率也不行，所以要做好时间管理，让自己的努力更有效率。

（5）绝不拖延，只有这样，才能养成今日事今日毕的好习惯。长此以往，便可拥有可贵的品质——勤奋。

要学会提高效率

在生活中，只知道干活儿而不讲究效率的人大有人在。如果你努力去做了，还是得不到相应的结果，你就应该考虑自己是否要改进一下方法、提升一下效率了。

有个工人在一个伐木厂找了份工作，待遇很是不错，他十分满意。上班第一天，工人接过老板给的斧头就卖力地开始干活儿。一天下来，工人砍了22棵树，老板知道了很高兴，夸奖他干得不错。

工人听了后很开心，第二天干活儿更有劲了，但还是只砍了19棵树。工人很郁闷，第三天更加努力工作，还给自己加班加量，结果居然只砍了13棵树。

工人很沮丧，觉得自己没用，于是准备向老板道歉。老板听了情况后，问道："那么，你多久磨一次斧头呢？"

工人有点摸不着头脑，说："我砍树都没工夫呢，哪有时间磨斧头啊？"

不要觉得这个伐木工人好笑，其实在生活中，这样只知道干活而不讲究效率的人大有人在。如果你努力去做了，还是得不到相应的结果，你就应该考虑自己是否要改进一下方法、提升一下效率了。

效率是生活和工作中的一个重要因素，效率能不断改善绩效，让你事半功倍，从而走向成功。伯利恒钢铁公司就是一个通过改进效率从而创造奇迹的范例。

伯利恒钢铁公司领导者查理斯·舒瓦普曾会见效率专家艾维·利。会见时，艾维·利说可以在10分钟内给舒瓦普一样东西，这东西能使他的公司业绩至少提高50%。然后他递给舒瓦普一张空白纸，说："在这张纸上写下你明天要做的最重要的六件事。"

过了一会儿，他又说："现在用数字标明每件事情对于你和你的公司的重要性次序。"这花了大约五分钟。艾维·利接着说："现在把这张纸放进口袋。明天早上第一件事情就是把这张字条拿出来，做第一项。不要看其他的，只看第一项。着手办第一件事，直至完成为止。然后用同样方法对待第二件事、第三件事……直到你下班为止。如果你只做完第一件事情，那不要紧。你总是做着最重要的事情。"

艾维·利继续说道："每一天都要这样做。你对这种方法的价值深信不疑之后，叫你公司的人也都这样干。这个实验你爱做多久就做多久，然后给我寄支票来，你认为值多少就写多少金额。"

整个会见持续了不到半个钟头。几个星期之后，舒瓦普给艾维·利寄去一张25万美元的支票，还有一封信。信上说从钱的观点看，那是他一生中最有价值的一课。后来有人说，5年之后，这个当年不为人知的小钢铁厂一跃成为世界上最大的独立钢铁厂，其中，艾维·利提出的方法功不可没。这个方法为舒瓦普赚得1亿美元。

从这个故事里我们可以知道，注重效率往往能事半功倍，发挥出意想不到的威力。毕竟，磨刀不误砍柴工。正因为如此，许多企业才会舍得下工夫来改进设备和技术以提升效率。

杰出的管理专家韦尔奇认为，低效率主要是由时间管理不科学、做事缺乏安排和秩序以及缺乏自我肯定心态造成的。所以，要提升效率，当务之急就是要做好三件事：改善时间管理，做好安排，积极地自我肯定。

做好时间管理，能大幅度提升你的工作生活效率。高效率的成功者一定善于管理他的时间，能够妥善安排自己的工作和生活。在时间管理方面，下面这些方法可以大大提高你的效率：

（1）事有轻重缓急之分，所以我们应该养成这样一个工作生活习惯：在每开始一项工作时，必须首先让自己明白什么是最重要的事、什么是我们最应该花最大精力去重点做的事。

（2）工作中使用"日常备忘录"，做最重要的事情。把你一天必须要做的最重要的工作写在备忘录上，按重要程度编上号码。早上一上班，马上从第一项工作做起，一直做到完成为止。再检查一次你的安排次序，然后开始做第二项。

（3）每天定时完成日常工作，给要做的事情设定最后期限，并且让你的工作生活环境井然有序。

（4）安排好随时可进行的备用工作，以不浪费你的时间；要学会利用零碎的时间。

（5）运用统筹法，不要犹豫和等待，杜绝拖延，立即行动。

（6）注重团队合作，积极寻求别人帮助。

拒绝空谈，有效说话

钓具是一种形式，钓鱼才是真正的内容，也就是目的。钓具应围绕钓鱼这个中心，否则一味追求形式，再漂亮的钓竿也钓不到鱼。同样的道理，言语再漂亮，如果空洞无物，那就是无意义的废话。

青蛙和雄鸡有什么不同？生活在水边的青蛙，它们不分白昼黑夜，总是叫个不停，以此来显示自己的存在。可是，它们即使叫得口干舌燥、疲惫不堪，也没有谁会去注意它们到底在叫些什么。司晨的雄鸡，它只是在每天黎明到来的时候按时啼叫，然而，"雄鸡一唱天下白"，天地都要为之震动，人们纷纷开始新一天的劳作。两者比较起来，多说话又能有什么好处呢？只有准确把握说话的时机和火候，努力把话说到点子上，才能引起人们的注意，收到预想的效果。

其实，在我们的现实生活中，那些像青蛙一样，不顾时间、地点与场合，整天废话连篇的人还真是不少。夸夸其谈而不注重行动的人最令人反感，成功也永远不会光顾这些华而不实、光说不做的人。他们应当从这篇寓言中吸取教训，改掉夸夸其谈的坏毛病，向司晨的雄鸡学习，恪尽职守，多干实事，少说空话。废话不能改变什么，务实简洁、有效说话才是应有的说话方法。

在美国西点军校，有一个广为传诵的悠久传统，学员遇到军官问话时，只能有四种回答："报告长官，是！""报告长官，不是！""报告长官，不知道！""报告长官，我没有任何借口！"除此以外，不能多说一个字。久而久之，西点军校就养成了一种雷厉风行、简洁有效的说话方式。正是凭借着这种说话方式，无数西点毕业生在人生的各个领域取得了非凡成就。

你也许会反驳："既然人人要学少说话，那么干脆不说话好了。"其实不然，少说话固然是美德，但人们既然生活在现实社会中，只能少说而不是完全不说。既要说话，又要说得少，且说得好，能够语言务实，有效说话，这才是好口才。

苏秦是战国时期的政治家、外交家，满腹经纶，智慧超人。他纵横六国，名扬天下，向他求学的人越来越多。他有个叫苏晋的侄儿，特别崇尚他的辩论技巧，便向他求教。苏秦给他指点了很多次，效果总是不明显。

于是，苏秦便给侄儿讲了一个小故事，他说："从前有个有钱人，非常喜欢钓鱼，为了显示他钓鱼的技巧，刻意装饰了他的钓具：用金子做鱼钩，用香木做鱼饵，用翡翠做垂子，在钓竿上还包上了绸缎，特别好看。可是，这么昂贵而又美丽的钓具竟然钓不上来一条鱼，你知道这是为什么吗？"

侄儿此时恍然大悟，说："我明白你的寓意了，言语务实最为重要。"

钓具是一种形式，钓鱼才是真正的内容，也就是目的。钓具应围绕钓鱼这个中心，否则一味追求形式，再漂亮的钓竿也钓不到鱼。同样的道理，言语再漂亮，如果空洞无物，那就是无意义的废话。

鲁迅说过："空谈之类，是谈不久，也谈不出什么来的，它最终被事实的镜子照出原形，拖出尾巴而去。"所以，我们要小心说话，而且要"说好话，会说话，有效说话"，话说出口之前先思考一下，不要莽莽撞撞地脱口而出，更不要漫无边际，侃侃而谈，要说实话，说有效的话，把话说到点子上。要想走向成功，有效说话也是关键！

总有一天会轮到你

人生道路上的很多事情都是这样——只要你不断努力，坚持下去，成功总有一天会降临于你的。

香港著名演员陈小春在接受记者采访的时候说过一段很有道理的话："我的师傅是袁信义，他和八爷袁和平都是袁小田的儿子。我第一天进电影圈的时候师傅就和我说，在这个圈子，你不放弃的话，总有一天会轮到你。我问为什么。他说你看看我的爸爸袁小田，他拍了很多电影，直到 80 岁，和成龙大哥拍《醉拳》才红起来。这句话到今天我都记得：只要你不放弃，总有一天会轮到你。"

的确，人生道路上的很多事情都是这样——只要你不断努力，坚持下去，成功总有一天会降临于你的。

埃迪·阿卡罗梦想成为世上最伟大的骑师，但只要看他骑 5 分钟的马，就能发现他太笨拙了。这现实对他来说有点残酷。他总是一出发就落在后面，之后不是陷入重围无法冲到前面，就是磕磕绊绊出事故。他在最早参加的 100 场比赛中，从未有过半点获胜的机会，但是他从不气馁。

阿卡罗的生活轨道从小学时就注定了。因为他又矮又瘦，同学们都瞧不起他。所以，他总是逃学去附近的赛马场，那里有个驯马师允许他骑马玩。

他父亲勉强同意他以赛马为业，尽管他父亲很清楚，他成功的可能性非常渺茫。那位驯马师曾告诉他父亲："送他回学校吧，他永远成不了骑师。"

没有人对小埃迪·阿卡罗抱以希望，除了阿卡罗自己。他决心不但要成为骑师，而且要成为世上最伟大的骑师。但是前提是有人愿意给他机会。

他坚持不懈地争取，终于得以参加一场真正的赛马。比赛还没结束，他的马鞭和帽子都丢了，连他自己也差点儿从马鞍上坠下。等他跑完赛程，其他的骑师已经在返回马厩的路上了——他被远远地抛在了最后。

此后，阿卡罗四处寻找参加赛马的机会。最后，一位马主出于怜悯，给了他机会。他坚定不移地支持阿卡罗，尽管阿卡罗在参加的上百次比赛中从未获奖。他在这个不走运的骑师身上看到了一种东西，一种不可名状的东西。也许是潜力，也许是坚韧，也许只是固执。不管怎样，再也没有人提出要打发他回家。当然，阿卡罗也决不肯半途而废。

漫长的岁月里，他始终不名一文，四处漂泊，几乎没有朋友。他断过几根骨头，多次死里逃生。许多次他不足 1.6 米的瘦弱的身躯被马蹄践踏，但他总是重整旗鼓回到马鞍上。

不知何时转机出现了。阿卡罗开始取胜，一个胜利接着一个胜利。失败不再是他的专利，相反，每次他都把失败抛给了对手。

在 30 年的赛马生涯中，他共赢得了 4779 场比赛，成为历史上唯一在肯塔基赛马会上五次获胜的骑师。1962 年他退休时已经成为百万富翁，有生之年一直是个传奇人物。

从离开学校踏上赛道那一刻，埃迪·阿卡罗已经为自己的生命设定了终点线。尽管这场比赛持续了 30 年，但他从未放弃，直至撞到终点线。

丘吉尔在一次演讲中说的话，让世人一直牢记于心。这句话就是："我的成功秘诀有三个，第一是决不放弃；第二是决不、决不放弃；第三是决不、决不、决不能放弃。"丘吉尔正是凭借这种信念带领英国渡过了难关，取得了第二次世界大战的胜利。其实，人生何尝不是如此呢？只要你不放弃，胜利和成功总会属于你的。

第七章

学会快乐 ——
再苦也要笑一笑

多问问自己：快乐吗

世界原本就不是属于你的。万物皆为我所用，但非我所属。试问，百年以后，哪一样是你的。

一个韩国人去印度旅游。回来后，他写下了一篇非常有意思的文章：

虽然已经是十月了，印度孟买的街头还是艳阳高照。为了消暑，我找到了水龙头想冲一把脸。

我刚把行李和背包放下，正准备洗脸时，忽然有位印度男子大摇大摆地走过来，翻起我的背包，把我吓了一跳，还没来得及问原因，他已经将背包中的一卷卫生纸掏出拿走了。

众目睽睽之下做出这样的举动，我简直要气疯了。我叫住了他，问他为什么随便拿别人的东西？

那男子停住脚步转过头来，诧异地看着我说："你问为什么拿走这东西吗？不用这么大惊小怪吧，我只不过暂时保管一下罢了！"

我听了他说的话差点儿没昏倒，这什么逻辑？我想了想，印度人这样的逻辑思想，过去我曾在许多有关冥想的书中读过。在他们看来，东西即使是属于"我的"，也不能说是"我的"，"我的"这个词在世界上并不存在。

我虽然有些火大，但不得不自我安慰："好吧，都拿走吧，反正不是我的，我只不过是暂时保管而已！"

几天后，我准备从孟买去阿格拉市。在送给售票员一点礼物以后，我才买到要坐 30 多个小时的二等车厢的车票。

上车以后，我特意找了个靠窗的位子。火车是两排相向的座位，分别坐了 3 个人。除了我以外全是当地人，有缠绕头巾的印度人，还有一直盯着我看、长相像老鹰的锡克人。火车，缓缓开动了，在夜色中穿行。

没多久，上来了一个印度男人，看到我这排的座位还有一点空隙，便毫不客气地挤在我们中间，这个座位由原来的 3 个人变成 4 个人。

过了几站，又来了 1 个印度男子，也是不分青红皂白地挤着就坐下。本来 3 个人的座位，现在却是 5 个人挤成一堆。现在才出发 2 个小时，我被挤得缩着身子，脸只能靠着车窗趴着。不知不觉，我累得睡着了。

我睡得迷迷糊糊的时候，忽然感觉碰到了什么，睁开眼一看，吓了一跳。因为在我背后与椅背之间狭小的空间，不知什么时候又挤进了一个印度男子。

我气得跳了起来，无法忍受买了车票，却还要受到这种待遇。像这样坐三十几个小时的车，还不如干脆下车算了。于是我从口袋里掏出车票，给那几个毫无道理霸占位子的印度人看。

"看看，这是我的车票，请你们起来到别的地方，这是我的位子，我要坐在这里。"

其中一个年纪50岁左右，长相普通的男子，抬起头说："是吗？你凭什么说这是你的位子？你不过是暂时坐着，难道你不下车，永远坐在这里吗？"

好像被人打了一闷棍，我当时哑口无言。我只不过是想对号入座而已，却是如此困难。等我冷静下来，再想想那男子说的话也没错，不过是暂时坐坐而已，何苦大发雷霆，硬要说那座位是自己的呢？

还有一次让我印象深刻的事情是在旧德里街上购物时发生的事。

我在旧德里街上，看到一些工艺品非常喜欢，想买几件带回去。一问价钱，一个印度青年开价1000卢比，相当于韩币30000元（约25美元），在当地算是天价。我当然不愿做冤大头，于是回应他：

"100卢比吧！"

青年马上说："150卢比！"如此大的价格落差，他脸上的表情一点也没有变化。

"70 卢比！"我再往下杀价。

"110 卢比！"青年让步了，说不能再低了。

我当然不会退让，费了一番口舌，最后以 70 卢比成交。原价 1000 卢比的东西，竟然能用 70 卢比买到，我颇为沾沾自喜。当他把东西包装好交给我时，我心情十分愉快地打算转身离去。

就在那时，印度青年拍了拍我的肩膀，说："你快乐吗？"

是因为东西买得便宜快乐吗？如果是快乐到底有多快乐呢？快乐能维持多久呢？他的意思应该是如此。

一时我被问倒了，又是一阵昏暗，站在那里无法移动脚步。我转身问他为什么那样问我？

他说："快乐最重要啊。你快乐的话我也快乐，但如果你不快乐，不管走到哪里问题都是在于你。"

青年说完话以后，两眼看着我。看着衣着简陋却笑容满面的青年，我觉得很茫然，我费尽心机买到便宜的东西，却无法有信心地说自己是非常快乐的。

那以后不管我在印度历经了多少次旅行，得到多少学习，但这三件事给我的启示，却永远无法忘怀。不管我到什么地方，做什么，他们的话，总是清晰地盘旋在耳际。

为什么我们是物质的富人，却过得很不快乐；而那个青年人虽然很贫穷，但他却很快乐。为什么？故事中已经说得很明白了："钱财物品，皆是身外之物，我们只不过是暂时保管这些东西罢了。所以，我们对于物质上的东西不必太在意，快乐才是最重要的，也是我们能真正拥有的财富。如果你不快乐，那只能说明问题在于你。"

任何的痛苦都是自己找的，任何的快乐也是自己找的。笑一笑，你的人生更美好。所以，在以后的生活中，你不妨也多问问自己：快乐吗？

时刻保持清醒的头脑

很多人都能够做到在明显有危险的地方止步，但要清醒地认识潜在的危险，却很难。

初夏，一只饥肠辘辘的老鼠意外地掉进了一个米缸里。突如其来的幸福，使老鼠喜出望外。它先是警惕地环顾了一下四周，确定没有危险之后，接下来就开始大吃特吃。

以后的日子里，老鼠就这样在米缸中吃了睡，睡了再吃。日子一天一天过去了，老鼠有时虽然也担心自己跳不出去，但一看到白花花的大米，就马上打消了念头。直到有一天，老鼠发现米缸见了底。它想跳出去，但是已经不可能了。

若干天后，主人在米缸里发现了一只死老鼠。

在现实生活中，多数人都能够做到在明显有危险的地方止步，但要清醒地认识潜在的危险，就没那么容易了。

范蠡和文种两人关系非常要好，两人为越王勾践出谋划策，勾践在他们的辅助下，卧薪尝胆，一举灭掉了吴国。

范蠡深切地知道越王是个只能同患难不能共享乐的人，就想急流勇退，辞官归隐，于是就请文种和他一起远走高飞，但是文种哪舍得眼前的富贵，坚决认为越王不会亏待功臣，没有答应范蠡。范蠡叹了口气："鸟没有了，弓箭就会被收起来了；兔子死了，狗就会被吃。亏你还是明白人，真是聪明一世，糊涂一时啊！"范蠡摇摇头，无奈地走了。

果然不久后，文种就被越王赐死了。

文种也算是个极其厉害的人物了，经历过无数阴谋和斗争，但在荣华富贵面前还是没有能保持清醒的头脑。

一个聪明的人，做人是十分老到的。在名誉的冲击下，他绝不会沾沾自喜，而是仍然保持着清醒的头脑。

人们总是对别人的事情特别清醒，但是事情真正发生在自己头上，却很难保持清醒的头脑。

有个老头每天坐在马路边望着不远处的一堵高墙，总觉得它马上就会倒塌，见有人走过去，他就善意地提醒道："那堵墙要倒了，远着点走吧。"

被提醒的人不解地看着他，还是大模大样地顺着墙根走过去了——那堵墙没有倒。

老头很生气："怎么不听我的话呢？我可是为你好！"

又有人走来，老头又予以劝告。三天过去了，许多人在墙边走过去，并没有遇上危险。第四天，老头感到有些奇怪，又有些失望，不由自主便走到墙根下仔细观看，然而就在此时，墙便倒了，老头被掩埋在灰尘砖石中，气绝身亡。

很多人都是如此，劝别人清醒，自己却迷糊。

头脑容易迷糊的人，一临事变或者重压，便张皇失措的人，是一个弱者，是不足委以重任的。而头脑清醒的人，从来不会为小胜利冲昏头脑，从来都是从容不迫，冷静理智，会坚持到最后的胜利。

当别人束手无策时，仍然能保持镇静的人，无论走到哪儿都为人欢迎，受人重视。这个世界上，最了解你的人不会是别人，而是你自己。

人在微笑时最有魅力

真诚地微笑，别怕皱纹。因为微笑能赢得他人的友好，也是最迷人的表情，但它不花你一分钱！

人在什么时候最有魅力呢？就是在微笑的时候。一个热爱生活的人，一个积极向上的人，微笑是他显露最多的表情。

山德士的打扮是肯德基独一无二的注册商标，人们一看到他，就会自然想起山德士上校的传奇经历和他永远笑呵呵的样子。为此，山德士说过："我的微笑就是最好的商标。"微笑的力量，由此可见一斑。

去过寺庙的人都知道，一进庙门，首先是弥勒佛，笑脸迎客，而在他的北面，则是黑口黑脸的韦陀。

相传在很久以前，他们并不在同一个庙里，而是分别掌管不同的庙。

弥勒佛热情快乐，笑口常开，所以香火旺盛，前来烧香许愿的人络绎不绝。而韦陀成天阴着个脸，太过严肃，搞得人越来越少，最后香火断绝。

弥勒佛保持微笑，所以人见人爱；而韦陀黑口黑脸，让人望而生畏。在人际交往中，微笑是最美丽也最容易的表情。所以，应该让微笑成为一种习惯，不要让死板严肃的表情成为你人生道路上的"拦路虎"。

彼得·泰格是一位著名的演说家和交流高手，他曾经说过："就连最懒惰的人，也懂得微笑。因为他知道，微笑比皱眉牵动的肌肉要少得多。"

微笑，蕴含着丰富的涵义，传递着动人的情感。怪不得有位哲人曾说：微笑是人类最美的表情。

在人际交往中，我们需要微笑。微笑是一种令人愉快的表情，表达一种热情而积极的处世态度。

微笑甚至能创造财富，引领你走向成功，大名鼎鼎的希尔顿旅店王国就是以微笑服务而著称的。

人类与其他生物的区别之一就是人类之间有复杂的感情，而微笑则是感情表达最直接的方式之一。

微笑意味着友好和赞赏，能给双方都带来愉悦。甚至在抱怨批评的时候，你如果也能微笑着，就会使对方感觉到温馨和诚恳。

对他人笑脸相迎，他人也必定给你相应的回报，每天看到的都是笑脸，怎么会没有好心情！

陌生的人如果微笑以对，会使你们更好地融洽起来。人类社会每天进行着许多的社会活动，其中大部分是人与人的接触交流，如果每个人都能使用好微笑，那么人与人之间的交流就会变得更美好轻松。

小张的对门搬过来一个漂亮的姑娘。每天上楼，小张都会碰上她。小张是个很外向的人，很想跟她打招呼，但又怕自讨没趣——小张觉得美女一般都是高傲的。有一天，正好小张下去买东西，下楼时当面遇见姑娘了，这下不打招呼是说不过去了。小张刚下定决心，但一看她板着脸冷冰冰的模样，又犹豫了。思忖半天，小张终于硬着头皮对她微笑着点了点头。没想到，姑娘马上回应了。后来小张才知道，其实她也很想认识自己，只是怕遭拒绝罢了。再后来，小张和姑娘相处得很不错，彼此很庆幸多了个好邻居。

原来，一个微笑就可以拉近两颗心的距离，温暖一颗心。

如果你花很多钱买了许多珠宝服饰，只是为了使人对你友好，或者使自己更迷人，那还不如微笑有用。因为微笑更能赢得他人的友好，也是最迷人的表情，但它不花你一分钱！从这个方面说，真诚的微笑价值上百万美元。

笑容就是你最好的名片。微笑表达的意思就是：我喜欢你，我很高兴见到你，你让我开心。

所以，不要吝惜你的笑容，从现在开始，以微笑来招呼你的朋友，以微笑来面对你的人生。

善待他人

善待他人绝对是人生最具"效益"的投资。你对遇到的每个人的一次微笑，一句亲切的话，一句令人愉快的答复，发自内心的感激、鼓励、信任和称赞，会让你发现你给予别人的越多，你收获的东西也会越多。

有个青年总是愤世嫉俗，在学习、生活、工作中遭遇了许多误解和挫折，由于得不到别人的理解，渐渐地养成了以戒备和仇恨的心态看待他人的习惯。在压抑郁闷的环境中，他感觉整个世界都在排斥他，因此度日如年，几乎要崩溃。

　　有一天为了散心，他登上了一座景色宜人的大山。坐在山顶上，他无心欣赏美丽幽雅的风景，想想自己这些年的遭遇，内心的仇恨像开闸的洪水一样，忍不住大声对着空荡幽深的山谷喊：

　　"我恨你们！我恨你们！我恨你们！"

　　话一出口，山谷里传来同样的回音：

　　"我恨你们！我恨你们！我恨你们！"

　　他越听越不是滋味，又提高了喊叫的声音。他骂得越厉害回音也越大越长，扰得他更恼怒。

　　就在他再次大声叫骂后，从身后传来了"我爱你们！我爱你们！我爱你们！"的声音，他扭头一看，只见不远处寺庙里一方丈在冲着他喊。

　　片刻后方丈微笑着向他走来，笑着说：

　　"倘若世界是一堵墙壁，那么爱是世界的回音壁。就像刚才我们的回音，你以什么样的心态说话，它就会以什么样的语气给你回音。爱出者爱返，福往者福来。为人处世许多烦恼都是因为对外界苛求得太多而产生的。你热爱别人，别人也会给你爱；你去帮助别人，别人也会帮助你。世界是互动的，你给世界几份爱，世界就会回你几份爱。爱给人的收获远远大于恨带来的暂时的满足。"

听了方丈的话，他愉快地下山了。

回去后他以积极、健康、友爱的心态对待身边的一切，他和同事之间的误解没有了，没有人和他过不去，工作上他比以往顺利了，他发现自己比以前快乐多了。

你对别人怎样，别人就会怎样对你。

"如果你握紧一双拳头来见我，"著名的哲学家赛勒斯在谈到与人相处时说，"我想，我可以保证，我的拳头会握得比你更紧，但是如果你来找我说：'我们坐下，好好商量，看看彼此意见相异的原因是什么。'我们就会发觉，只要我们有彼此沟通的耐心、诚意和愿望，我们就能沟通。"

你真诚地对待别人，别人也会真诚地对待你。

古时候，有两父子各自带着一只行李箱出远门。一路上，重重的行李箱将父子俩都压得喘不过气来。他们只好左手累了换右手，右手累了又换左手。忽然，父亲停了下来，在路边买了一根扁担，将两个行李箱一左一右挂在扁担上。他挑起两个箱子上路，反倒觉得轻松了很多。

善待他人绝对是人生最具"效益"的投资。你对遇到的每个人的一次微笑，一句亲切的话，一句令人愉快的答复，发自内心的感激、鼓励、信任和称赞，会让你发现你给予别人的越多，你收获的东西也会越多。

随手关上身后的门

关上你人生的门，把错误和痛苦统统忘记，然后，重新开始。

英国前首相劳合·乔治有一个习惯——随手关上身后的门。有一天，乔治和朋友在院子里散步，他们每经过一扇门，乔治总是随手把门关上。"你有必要把这些门都关上吗？"朋友很是纳闷。

"哦，当然有这个必要。"乔治微笑着说，"我这一生都在关我身后的门。你知道，这是必须做的事。当你关门时，也将过去的一切留在后面，不管是美好的成就，还是让人懊恼的失误，然后，你又可以重新开始。"

朋友听后，陷入了沉思中。乔治正是凭着这种精神一步一步走向了成功，踏上了英国首相的位置。

要想成为一个快乐成功的人，最重要的一点就是记得"随手关上身后的门"，学会将过去的错误、失误通通忘记，只专注于着眼未来。

新泽西州市郊一座小镇，有一个由 26 个孩子组成的班级。他们中所有的人都有过不光彩的历史，有人吸毒，有人进过少年管教所，有一个女孩子甚至在一年之内堕过三次胎。家长拿他们没有办法，老师和学校也几乎放弃了他们。

就在这个时候，一个叫菲拉的女教师接手了这个班。

新学年开始的第一天，菲拉没有像以前的老师那样整顿纪律，先给孩子们一个下马威，而是出了一道选择题：

有三个候选人，他们分别是：

A. 笃信巫医，有两个情妇，有多年的吸烟史，而且还嗜酒如命；

B. 曾经两次被赶出办公室，每天要到中午才起床，每晚都要喝大约一公升的白兰地，而且曾经有过吸食鸦片的记录；

C. 曾是国家的战斗英雄，一直保持素食的习惯，不吸烟，偶尔喝点酒，但大都只是喝一点儿啤酒，年轻时从未做过违法的事。

菲拉要求大家从中选出一位在后来能够造福人类的人。毋庸置疑，孩子们都选择了 C。然而菲拉的答案却令人大吃一惊："孩子们，我知道你们一定都认为只有最后一个才是最能造福人类的人，然而你们错了。这三个人大家都很熟悉，他们是"二战"时期的著名人物：A 是富兰克林·罗斯福，身残志坚连任四届美国总统。B 是温斯顿·丘吉尔，英国历史上最著名的首相。C 的名字大家也很熟悉，阿道夫·希特勒，一个夺去了几千万无辜生命的法西斯恶魔。"孩子们都呆呆地瞅着菲拉，他们简直不敢相信自己的耳朵。

"孩子们，"菲拉接着说，"你们的人生才刚刚开始，过去的荣誉和耻辱都只能代表过去，真正能代表一个人一生的是他的现在和将来的所作所为。从过去的阴影中走出来吧，从现在开始，努力做自己一生中最想做的事情，你们都将成为了不起的人才……"

正是菲拉的这番话，改变了 26 个孩子一生的命运，如今这些孩子都已长大成人，其中的许多人都在自己的岗位上做出了骄人的成绩，有的做了心理医生，有的做了法官，有的创建了公益组织，有的做了飞机驾驶员。值得一提的是当年那个个子最矮的也最爱捣乱的学生罗伯特·哈里森，今天已经成为华尔街上最年轻的基金经理人。

每个人都经历过失败和痛苦，心中多少会留下一些酸楚的记忆，甚至有着不堪回首的过去……我们需要总结昨天的失误，但我们不能对过去的错误和痛苦耿耿于怀，伤感也罢，悔恨也罢，都不能改变过去，不能使你更快乐、更完美。过去的都已经过去了，将来的路还有很长。如果总是背着沉重的历史包袱，为逝去的流年感伤不已，那只会白白耗费眼前的大好时光，也就等于放弃了现在和未来。追悔过去，只能失掉现在；失掉现在，哪有未来！泰戈尔说过："错过太阳了，如果你还在流泪，那么你就要错过星星了。"

学会说"下一次"

如果说这世界上有后悔药可以用来医治自己的懊悔，那就是对自己多说"下一次"。

读报纸时曾看到这样的故事。一天夜里，一位年轻人走在山路上，突然上帝说，年轻人，你捡一些石头，它会对你很有用的。年轻人就捡了几个带回去，回到家后第二天发现那些石头都变成了金子，于是年轻人便后悔："如果昨天夜里多捡一些就好了。"可为时已晚。

其实，我们每个人每天都在"捡石头"，不明白它们对我们到底有什么用，当我们发现它们不够用时，总是会想"如果（假如）我当时不那么做……"沉浸在后悔的悲痛中。但是，过去的已经过去了，后悔能改变什么呢！

那么，人应该如何面对生活中的懊悔呢？美国的一位心理医生给出了答案——不说"如果"而是说"下一次"。

美国心理医生奥兰多，成就卓著，颇有名气。在他即将退休时，写了一本医治各种心理疾病的专著。这本书有1000多页，书中有各种心理疾病的治疗办法。

书出版后引起了很大轰动，许多团体和大学邀请他去为学生们讲学。一天，他应邀到一所大学讲学，在课堂上，他拿出了这本厚厚的著作，对学生们说："这本书有1000多页，里面有治疗各种心理疾病的方法3000种，药物10000类，但所有的内容，概括起来却只有几个字。"

学生们都很吃惊，纷纷投之以惊愕的目光。于是他转身在黑板上写下了"如果，下一次"。

他继续说道："事实上，许多人备受精神折磨的原因都是'如果'这两个字，比如'如果我不做那件事''如果我当年不娶她''如果我当年及时换一项工作'……书中医治方法有几千种，但最终的方法只有一种，那就是把'如果'改为'下一次'，比如'下一次我有机会一定那样做''下一次我一定不会错过我爱的人'……总之，造成自己心理疾病的，影响自己幸福观念的，有时候，并不是因为物质上的贫乏或丰裕，而取决于一个人的心境的改变。如果心灵被浸泡在后悔和遗憾的水中，痛苦就必然会牢牢占据你的整个心灵。"

懊悔在人的一生中，就像一剂慢性毒药，在无休无止地磨灭你的意志，在不知不觉中消耗你的快乐，但是，只要你去掉"如果"，改说"下一次"，你就找回了真实的自己，它就是你生命里的阳光、空气和水。这一切对谁都非常重要，只因为它构成了使你生存下去的要素。

学会向前看。如果说这世界上有后悔药可以用来医治自己的懊悔，那就是对自己多说"下一次"。下一次机会来临时，记得全心全意去为自己的梦想而奋斗。不要用永不可能的"如果"将自己牢牢绑住在过去，珍惜现在，珍惜将来，其实这才是对自己过去的悔恨的最好的良药！

让你的心灵去散步

从现在开始，好好呵护你的心灵，让自己的心灵散散步。

一天，哲学家率领诸弟子走到街市上，整个街市车水马龙，叫卖声不绝于耳，一派繁荣兴隆的景象。

走出一程后，哲学家问弟子："刚才所看到的商贩中，哪个面带喜悦之色呢？"一个弟子回答道："我经过的那个鱼肆，买鱼的人很多，主人应接不暇，脸上一直漾着笑容。"

弟子的话还没说完，哲学家便摇了摇头，说："为利欲而高兴的心虽喜却不能持久。"

哲学家率众弟子继续往前走，前面是一大片农舍，鸡鸣桑树，犬吠深巷，三三两两的农人穿梭忙碌着。哲学家打发众弟子四散而去。过了一段时间之后，哲学家又问弟子："刚才所见到的农人之中，哪个看起来更充实呢？"

一个弟子上前一步，答道："村东头有个黑脸的农民，家里养着鸡鸭牛马，坡上有几十亩地，他忙乎完家里的事情，又到坡上侍弄田地，一刻也不闲着，始终汗流浃背，这个农民应该是充实的。"

哲学家略微沉吟了一阵子，说："来源于琐碎的充实，最后终归要迷失在琐碎当中，也不是最充实的。"

一行人继续往前走，前面是一面山坡，坡上是云彩般的羊群。一块巨石上，坐着一位形容枯槁的老者，怀里抱着一杆鞭子，正在向远方眺望。哲学家随即止住了众弟子的脚步，说："这位老者放松自己，任心游走，是生活的主人。"

众弟子面面相觑，心想，一个放羊的老头，可能孤苦无依，衣食无着，怎么能是生活的主人呢？

哲学家看着迷惑不解的弟子，朗声道："难道你们看不到他的心灵在快乐地散步吗？"

人活一辈子，容易受外界的影响，让自己的心灵沾上世俗的尘埃和名利的污秽。即使他们看起来是光鲜的，但是他们却是活得最累的。只有心灵得到自由和快乐，这样的人生才是圆满的。所以，从现在开始，好好守护你的心灵，为自己留下一片心灵的净土。

从前，有个商人娶了四个老婆。

大老婆长得美丽又善良，每天像影子一样寸步不离地跟随商人，给他挣足了面子。

二老婆是费尽周折抢来的，可以算得上是倾国倾城、人见人爱的绝色佳人，可以说每个人都想要这样的老婆。

三老婆姿色平平，不过她整天打理内外，让商人可以当甩手掌柜，商人很是满意。

而小老婆呢？经常躲在房间里不出来，商人也几乎忘记了还有这样一个老婆。

有一天商人要出远门，到一个穷山恶水的地方去做买卖，要选一个老婆陪自己才行啊。

大老婆说："我才不要陪你上山下乡呢，我的皮肤娇嫩，是怕晒的。"

二老婆说："当初我就不愿意嫁给你，是你把我抢来的，现在打死我也不去。"

三老婆说："我难以忍受风餐露宿，不过我可以陪你走一段路，别的就免谈了。"

这时候商人想起了第四个老婆，令商人出乎意料的是，这个老婆话也没说一句，就跟着商人上路了。商人不由感慨万分："还是第四个老婆靠得住啊！"

这个商人是谁呢？其实就是我们自己。

第一个老婆就是名誉，第二个老婆代表着财富，第三个老婆代表着亲朋好友，而第四个老婆则是你的心灵财富。

人们在现实生活中，总是热衷于与前面三个老婆亲热，总会冷落了第四个老婆——自己的心灵。实际上，第四个老婆才是真正与我们相伴一生的，也是最靠得住的。

既然前面三个老婆迟早是靠不住的，为何不及早多关爱一下第四个老婆呢？所以，从现在开始，好好呵护你的心灵，让自己的心灵散散步。唯有如此，你才能时刻保持清醒的头脑，不为名利贪欲所左右，保持心灵的纯净和快乐。

第八章

学会奋起——
超越人生的困境

自身的分量取决于自己

一个人只有看重自己的分量，别人才会同样的看得起你，所以一个人无论能力大小、条件好坏、地位高低都不应自感低人一等。

著名作家杏林子的《现代寓言》里有这样一个故事：一只兔子长了三只耳朵，因而备受同伴的嘲讽，大家都说它是怪物，不肯跟它玩。为此，三耳兔非常悲伤，常常暗自哭泣。

一天，它终于下定决心，把那一只多出来的耳朵忍痛割掉了，于是，它就和大家一模一样，也不再遭受排挤，它感到快乐极了。

时隔不久，它因为游玩而进入另一片森林。天啊！那里的兔子竟然全部都是三只耳朵，跟它以前一样！但由于它已少了一只耳朵，所以这里的兔子们嫌弃它，不理它，它只好快快地离开了。从此，它领悟到一个真理：不相信、不看重自己，只会让别人看不起你，因为别人总是通过你的眼光来看你的。

因此说，要想别人尊重你，首先就要尊重自己，这是一个不变的准则。而现实生活中有些人，受到别人的欺负和挤对，饱受冷落和打击，实属一个没有分量的小人物，这跟他们一贯看轻自己的行事风格是密不可分的。所以我们要学会不卑不亢，尽力去摆脱"人为刀俎，我为鱼肉"的局面。

世界名著《简·爱》中的男主人公罗彻斯特身为庄园主，财大气粗，对女主人公说过："我有权蔑视你！"他自以为在地位低下又其貌不扬的简·爱面前，有一种很"自然"的优越感。但有坚强个性又渴望自由平等的简·爱，坚决地维护了自己的尊严，寸步不让，反唇相讥："你以为我穷、不好看就没有自尊吗？你错了！我们在精神上是平等的！正像你和我最终将通过坟墓平等地站在上帝面前一样。"这番话强烈地震撼了罗彻斯特，使他对简·爱产生了由衷的敬佩。

在现实生活中，有的人不惜降低自己的尊严，不惜出卖人格，去逢迎那些在某一点上比自己强的人，哪怕逢迎者对自己傲慢无礼。这种"卑己而尊人"的行为是不值得称道的。

我们不要忘了鲁迅先生告诫我们的一句话："不要把自己看成别人的阿斗，也不要把别人看成自己的阿斗！"要尊重别人，更要赢得他人的尊重。

有一个美好的说法："一个人只要拯救了一个灵魂，他就拯救了整个世界。"它告诉我们，每个人都是可贵的。不论外表、行为和个性是多么的不同，但每个人都有改变世界的力量，而世界也随着每个不同的人，以不同的方式在改变当中。当我们这样看问题时，意味着爱已经发生，它就会促使我们既尊重自己，又敬重别人，创造出爱的绿茵和改造世界的巨大力量来。

说到这里，你可能会问，怎样才能做到尊重自己呢？这就需要我们去寻找自己身上有哪些值得尊敬的东西。

人类的大脑所具有的一个神奇的功能，就是可以提出和回答任何问题。虽然有时候大脑的回答是错误的，但无论如何，只要你提出问题，它就一定会给你一个答案。比如说，如果你问自己，在我的身上什么是我自己尊敬的地方呢？你的大脑就会把答案想出来告诉你，如果你一时想不出来，只要多思索一会儿，相信你就一定会想出一些东西来。比如我很诚实，在学习和生活中从来不欺骗自己和他人；我的记忆力很好，会很快记住所学的生字词；我虽然愚笨，但我却有持之以恒赶超别人的意志力……这些都是值得你尊敬自己的地方，不管你信不信，只要你长久地去开发和发掘自己所尊敬自己的东西，久而久之你就会找到许多自己值得尊敬的地方，那么你也就会越来越爱自己了。

一旦我们理解并欣赏自己的价值，我们就会开始欣赏别人的价值，并且尊重他们，而当我们有了尊重，我们就能够去爱了。当你学会了如何尊重自己，进而爱自己的时候，你和他人在一起就会显得自然、轻松、和谐，因为你使用一种尊重的眼光去看别人，很自然，你的态度就会显得温和亲切，这时你也就感觉到自己能够去爱别人了。

别摔倒在熟悉的路上

许多时候，我们不是跌倒在自己的缺陷上，而是跌倒在自己的优势和经验上。

野兔是一种十分狡猾的动物，缺乏经验的猎手很难捕获到它们。但是一到下雪天，野兔的末日就到了。因为野兔从来不敢走没有自己脚印的路，当它从窝中出来觅食时，它总是小心翼翼的，一有风吹草动就会逃之夭夭。但走过一段路后，如果是安全的，它也会按照原路返回。猎人就是根据野兔的这一特性，只要找到野兔在雪地上留下的脚印，然后做一个机关，第二天早上就可以去收获猎物了。

兔子的致命缺点就是太相信自己走过的路了。许多时候，我们不是跌倒在自己的缺陷上，而是跌倒在自己的优势上。因为缺陷常常给我们以提醒，小心翼翼，而优势和经验却常常使我们忘乎所以，麻痹大意。

三个旅行者早上出门时，一个旅行者带了一把伞，另一个旅行者拿了一根拐杖，第三个旅行者什么也没有带。

晚上归来，拿伞的旅行者淋得浑身是水，拿拐杖的旅行者跌得满身是伤，而第三个旅行者却安然无恙。前两个旅行者很纳闷，问第三个旅行者："你怎会没有事呢？"

第三个旅行者没有正面回答，而是问拿伞的旅行者："你为什么会淋湿而没有摔伤呢？"

拿伞的旅行者说："当大雨来到的时候，我因为有了伞，就大胆地在雨中走，却不知怎么淋湿了；当我走在泥泞坎坷的路上时，因为没有拐杖，所以走得非常仔细，专拣平稳的地方走，所以没有摔伤。"

然后，他又问拿拐杖的旅行者："你为什么没有淋湿而摔伤了呢？"

拿拐杖的说："当大雨来临的时候，我因为没有带雨伞，便拣能躲雨的地方走，所以没有淋湿；当我走在泥泞坎坷的路上时，我便用拐杖拄着走，一时大意，不知道怎么搞的就摔了好几跤。"

第三个旅行者听后笑笑说："为什么你们拿伞的淋湿了，拿拐杖的跌伤了，而我却安然无恙？这就是原因，当大雨来时我躲着走，当路不好时我非常小心，所以我没有淋湿也没有跌伤。你们的失误就在于你们有可以凭借的优势，自以为有了优势便可大意。"

有的时候，优势是靠不住的，经验是会欺骗人的。所以要相信事实，多做准备，绝不能偏信所谓的经验，更不能依赖自己的优势。能正确看待自己的优势、懂得如何利用经验的人，才是真正的智者。

思路决定出路

有什么样的思路就有什么样的人生，思路决定了一个人的出路。

有这样一个故事。有一个人从小就惹是生非，长大后成为当地的流氓，吃喝嫖赌五毒俱全，整天无所事事，最后因为抢劫被判了15年。他有一个妻子两个儿子，后来妻子与他离婚了。两个儿子，其中一个儿子学他，整天到处瞎混，最后锒铛入狱；而另外一个儿子则发奋图强，最后在一家公司当上了副总，拥有一个幸福的家庭。

一个记者采访了兄弟二人，为什么他们会走上不同的道路？令人颇感意外的是，他们回答的竟是同样的一句话："有一个这样的父亲，我还能怎样呢？"

同样的一个事实却得出了不同结果：一个自暴自弃，另一个则奋斗不息。看来，有什么样的思路就有什么样的人生，是思路决定了他们的出路。

所以，当你遇到麻烦束手无策的时候，你不妨换一种思路，跳出惯性思维，也许你马上就能找到一条新的道路，一个新的目标，一种新的境界。换个思路，也许就有了出路！否则，你的人生道路只会越走越窄。

两个老板在一起聊天的时候，说起自己的员工。一个老板说："我的公司有这样三个人，一个喜欢寻根究底，嫌这嫌那；另外一个总是忧心忡忡，为一些莫名其妙的事情担忧；第三个人每天无所事事，喜欢到处乱逛。我实在受不了，过几天我一定要炒了他们。"

另外一个老板想了想说："这样吧，你干脆让他们到我的公司来上班吧，省得麻烦。"第一个老板高兴地答应了。

那三个人到了第二个老板的公司后，喜欢寻根究底的那个人被安排去做质量监督，总是忧心忡忡的那个人被安排去做安全保卫，而喜欢闲逛的那个人则被安排去做业务和宣传。

一段时间以后，这三个人都做出非常出色的成绩，而他们所在的公司也取得了迅速的发展。

同样的一个人，在不同的岗位，就会有不同的表现。所以说，没有走不通的路，只要你的方向走对了，没有做不成功的事，只要你的思路对了路。

有一家不起眼的小餐馆，老板与员工招呼客人、点菜、报菜名，感觉完全就是说笑话、讲评书，而且每个很普通的菜都有一个很另类的"雅号"。因此，客人在这里吃饭、喝酒，完全是一种超值的精神享受。

假如8位客人刚到门口，负责招呼客人的员工就扯起嗓子大吼："英雄8位，雅座伺候！"点菜时，客人点两个卤兔脑壳，他就转身对厨房喊：来两个"帅哥"！客人点"猪拱嘴"，招呼客人的员工那里就成了"相亲相爱"。这些别致的另类菜名，让来店里吃饭的各路"英雄"莫不捧腹、喷饭！

在这里，土豆丝——"吃里扒外"，豆腐干——"黄龙缠腰"，鸡鸭鹅翅膀——"展翅高飞"，脚掌——"走遍天涯"，卤舌头——"甜言蜜语"，炒莴笋丁——"星星点灯"，炖乳鸽——"向往神鹰"，醋——"忘情水"，啤酒——"梦醒时分"，白酒——
"留半清醒留半醉"……

酒过三巡、菜过五味之后，店家免费给每桌客人送一份
"迟来的爱"——一盘普通的泡菜！客人酒足饭饱之后呢？还会
给每桌的客人们奉送几根"抠门"——牙签！

据说这家小店原来生意并不好，而且店里面也没有什么出
名的特色菜。就是给菜改了改名字，生意就出奇地火爆。

通过这家小店的转变，我们可以知道：成功与失败，富有
与贫穷，只不过是一念之差；不怕做不到，只怕想不到。

人与人最大的差别是脖子以上的部分，不同的观念最终导
致了不同的人生。我们必须有新的观念、新的方法、新的创造，
才能在激烈的竞争中立于不败之地！

设身处地，换位思考

每个人都需要站在他人的角度看问题。只有换位思考、将心比心，
才能够真正了解他人的所思所想。

圣诞节到了，一位母亲在圣诞节带着5岁的儿子去买礼物。
大街上回响着圣诞赞歌，橱窗里装饰着彩灯，可爱的小精灵载
歌载舞，商店里五光十色的玩具应有尽有。

"来，宝宝，看，多漂亮的圣诞夜景啊！"母亲对儿子说
道，然而儿子却紧拽着她的衣角，呜呜地哭出声来。

"怎么了？宝贝，要是总哭个没完，圣诞老人可就不到咱们

这儿来啦！”

"我……我的鞋带开了……"

母亲不得不在人行道上蹲下身来，为儿子系好鞋带。母亲无意中抬起头来，啊，怎么什么都没有？——没有绚丽的彩灯，没有迷人的橱窗，没有圣诞礼物，也没有装饰华丽的餐桌……原来那些东西都太高了，孩子什么也看不见。出现在孩子视野里的只是一双双粗大的鞋和妇人们低低的裙摆，在街上互相摩擦、碰撞、摇曳……

这位母亲第一次从 5 岁儿子目光的高度观察世界，她感到非常震惊，立刻起身把儿子抱了起来……从此这位母亲牢记，再也不要把自己以为的"快乐"强加给儿子。"站在孩子的立场上看待问题"，母亲通过自己的亲身体会认识到了这一点。

其实，不仅一位好母亲需要站在孩子的立场上看待问题，每个人都需要站在他人的角度看问题。只有换位思考、将心比心，才能够真正了解他人的所思所想。

在生活中，我们决不要轻易地将自己的喜好、逻辑强加于他人身上，站在不同的角度看风景，各有各的感受，冷暖自知。能站在他人的角度上看问题，多为他人着想的人，总是能赢得人们的喜爱和尊重。其实，学会体谅他人并不困难，只要你愿意认真地站在对方的角度和立场看问题。

有一次，戴尔·卡耐基在报上刊登了聘请一位秘书的广告。大约有三百封求职信涌来，内容几乎是一样的："我看到周日早报上的广告，我希望应征这个职位，我今年二十几岁……"只有一位女士特别聪明，她并没有谈到她所想争取的，她谈的是卡耐基需要什么条件。她的信函是这样的："敬启者：您所刊登的广告可能已引来两三百封回函，而我相信您一定很忙碌，没有时间一一阅读，因此，您只需拨个电话……我很乐意过来帮忙整理信件，以节省您宝贵的时间。我有 15 年的秘书经验……"

卡耐基一收到这封信，真是欣喜若狂。他立即打电话请她前来。卡耐基说，像她那样的人，永远不用担心找不到工作。

真诚地从他人的角度看事情，就是一个人遇事要先设身处地地站在别人的立场和处境思考问题，了解他人的观点和感受，体察和认知他人的情绪和情感。这里所讲的"他人"，可以包括任何与你相处、打交道的人，如你的父母、领导、同事、朋友、顾客等。

战胜内心的恐惧

其实，很多时候恐惧都是我们自己强加给自己的。

每个人内心都有恐惧感，我们害怕生病，害怕失业，害怕交际，害怕生活没有保障，害怕死亡，惧怕孤单，惧怕失败，惧怕冷漠……人生处处充满压力和危机，激烈的竞争，无数防不胜防的陷阱，让人茫然失措，畏首畏尾，不知何去何从。为了避免麻烦，人们所采取的方式通常就是逃避。这种消极的态度对你产生了一些消极的影响。随着恐惧的程度加深，范围扩大，人也变得越来越懦弱。在人生的发展阶段，若要幸福快乐，战胜内心的恐惧是起码的前提条件。

一个年轻人离开故乡，开始创造自己的前途。他动身的第一站，是去拜访本族的族长，请求指点。老族长正在练字，他听说本族有位后辈开始踏上人生的旅途，就写了3个字：不要怕。然后抬起头来，望着年轻人说："孩子，人生的秘诀只有6个字，今天先告诉你3个，供你半生受用。"

30年后，这个当年的年轻人已是人到中年，有了一些成就，也添了很多伤心事。归程漫漫，到了家乡，他又去拜访那位族长。他到了族长家里，才知道老人家几年前已经去世，家人取出一个密封的信封对他说："这是族长生前留给你的，他说有一天你会再来。"还乡的游子这才想起来，30年前他在这里听到人生的一半秘诀，拆开信封，里面赫然又是3个大字：不要悔。

中年以前不要怕，中年以后不要悔。这就是人生的秘诀。勇气和胆量，使我们不论在追求异性，建立婚姻家庭，取得学业上的进步，面对经济的困境，寻求事业的突破，或在建立我们的财富之时，都不会被无明的恐惧造成障碍。成功的人物，都一定会战胜恐惧，对自己的信念一往无前，排除万难，最终成功。

其实，很多时候恐惧都是我们自己强加给自己的。

半夜里，佳佳要上厕所，一个人爬起来下床去，走到卧室门口，开门看了看，又折回来，门厅里太黑，她害怕了。妈妈说："宝贝，别害怕，鼓起勇气。"

"勇气是什么？"佳佳跑到妈妈的床前问。

"就是勇敢的气。"妈妈回答。

"妈妈，你有勇气吗？"佳佳好奇地问。

"我当然有！"妈妈笑了。

佳佳就伸出她的小手来："妈妈，那你把你的勇敢的气给我吹点吧。"

妈妈对着她冰冷的小手儿吹了两口，佳佳紧张兮兮地忙攥紧拳头，生怕"勇敢的气"跑掉了。然后，她就攥紧拳头，大踏步地走出了卧室，上厕所去了。

这个世界根本就没有什么"勇敢的气"，只有无所畏惧的强大的心。其实，很多时候，我们害怕的不是别的，是自己内心凭空生出的恐惧。我们战胜的也不是别的，正是自己。只要你真正面对恐惧，那么你就能战胜它。

一句歌词说得好："我收藏恐惧爱上恐惧那就再没有恐惧。"日常生活中克服恐惧的最好方法是：开诚布公地交谈。通过不断地问自己"为什么"来找原因，就可以消除恐惧和烦恼。只要你能勇敢地、自信地面对恐惧，就一定会战胜它。

怎样才能克服恐惧心理呢？恐惧心理可以通过自我调适和训练来克服。具体方法如下：

（1）把能引起你紧张、恐惧的各种场面，由轻到重依次列成一张表（越具体越好），分别抄到不同的卡片上，把最不令你恐惧的场面放在最前面，把最令你恐惧的放在最后面，卡片按顺序依次排列好。

（2）进行放松训练。方法为坐在一个舒服的座位上，有规律地深呼吸，让全身放松。进入松弛状态后，拿出上述系列卡片的第一张，想像上面的情景，想像得越逼真越好。

（3）如果你觉得紧张和害怕，就停止想像，做深呼吸使自己放松。等到完全放松后，重新想像刚才失败的情景。若不安和紧张再次发生，就再停止后放松，如此反复，直至卡片上的情景不会再使你不安和紧张为止。

（4）按同样方法继续下一个更使你恐惧的场面（下一张卡片）。注意，每进入下一张卡片的想像，都要以你在想像上一张卡片时不再感到不安和紧张为标准，否则，你就不得进入下一个阶段。

（5）当你想像最令你恐惧的场面也不感到害怕时，便可再按由轻至重的顺序进行现场锻炼，若在现场出现不安和紧张让自己做深呼吸放松来调整，直到不再恐惧为止。

恐惧让我们知道，让人们的灵魂得以放松是多么重要。要真正戒除内心的恐惧，惟有增强自己的自信，寻求内心的安宁，才是最好的释放自己的方法！

改变不了环境，就改变自己

虽然我们不能改变世界，我们就只好改变自己，用爱心和智慧来面对这一切。

要改变现状，就得改变自己。要改变自己，就要改变自己的观念。一切成就，都是从正确的观念开始的。一连串的失败，也都是从错误的观念开始。要适应社会，适应变化，就要改变自己。

柏拉图告诉弟子自己能够移山，弟子们于是纷纷请教方法。

柏拉图微微一笑，说道："很简单，山若不过来，我就过去。"弟子们不禁哑然。

世界上根本没有什么移山之术，唯一能够移动山的秘诀就是：山不过来，我便过去。同样的道理，人不能改变环境，那么就改变自己。

哥伦布发现美洲大陆后，欧洲不断向美洲移民。为了得到足够的食物，欧洲人在美洲大量种植苹果树。但是在19世纪中期，美国的苹果大面积减产，原因是出现了一种新的害虫——苹果蛆蝇。

刚开始，人们以为害虫是被从欧洲带过来的。后来经过研究发现，苹果蛆蝇是由当地一种叫山楂蝇的变化而来。由于苹果树的大量种植，许多本地的山楂树被砍掉了，以山楂为生的山楂蝇为了适应这种情况，改变了自己的生活习性，开始以苹果为食物。在不到100年的时间里，山楂蝇已经进化成了一种新害虫。

山楂蝇为了适应环境，竟不惜改变自己的习性。生物适应环境的能力令人可敬可叹，那么人又该如何适应环境呢？

在威斯敏斯特教堂地下室里，英国圣公会主教的墓碑上写着这样一段话："当我年轻自由的时候，我的想像力没有任何局限，我梦想改变这个世界。当我渐渐成熟明智的时候，我发现这个世界是不可能改变的，于是我将眼光放得短浅了一些，那就只改变我的国家吧！但是我的国家似乎也是我无法改变的。当我到了迟暮之年，抱着最后一丝努力的希望，我决定只改变我的家庭、我亲近的人——但是，唉！他们根本不接受改变。

现在，在我临终之际，我才突然意识到：如果起初我只改变自己，接着我就可以依次改变我的家人。然后，在他们的激发和鼓励下，我也许就能改变我的国家。再接下来，谁又知道呢，也许我连整个世界都可以改变。"

人生如水，人只能去适应环境。如果不能改变环境，就改变自己。只有这样，才能克服更多的困难，战胜更多的挫折，实现自我。如果不能看到自己的缺点与不足，只是一味地埋怨环境不利，从而把改变境遇的希望寄托在改换环境上面，这实在是徒劳无益的。

学会信任，停止猜忌

> 信任才是人生最高的美德，猜忌只会让人走火入魔。

勇敢和智慧孕育成功，而信任和支持增添动力。信任是人生中最伟大的力量，而被人信任也是人生中最大的幸福。

一个人借了 1000 块钱给同事，另一个朋友说："万一他不还呢？"朋友特自信地说："放心，他人品特好。"但就在另一个朋友列举了很多借钱不还的例子后，那人就变得紧张起来，最后竟然惶恐地认定这 1000 块钱打了水漂了，郁闷至极。然而转天，同事还了钱，那人自我解嘲地说："真是没事找事，净瞎想！"

也许，这就是很多人的通病吧——当客观事实与我们悲观的想像冲突的时候，后者马上就占了上风，于是就出现了很多莫名的烦恼。

有句俗语说："猜疑把你、我都变成了傻瓜。"然而，我们还是经常推断别人的反应和行为。我们常以为事物是不变的，人是不变的。有时，我们根本观察不到事情已发生了微妙的变化，而这些变化可能促使人们采用与过去不同的行为方式。

所以，遇到问题要先调查研究再做出判断，绝对不能毫无根据地瞎猜疑。疑神疑鬼地瞎猜疑，往往会产生错觉。

阿布·卡恩说过："信任就像一根细丝，弄断了它，就很难把两头再接回原状。"所以，不管在生命的哪个阶段，你能拥有的最伟大的幸福，就是信任。猜忌是社会的毒素，无声无息却充满负面的能量，足以销蚀人的勇气和友善，更会使一个国家、一个民族丧失最后的团队精神。信任的建立，需要真诚的日积月累；而信任的崩溃，一次猜忌就够了。

做人要耐得住寂寞

如果你想出人头地，你要耐得住寂寞，因为成功的辉煌就隐藏在寂寞的背后。

日本近代有两位一流的剑客，一位是宫本武藏，一位是柳生又寿郎，宫本是柳生的师父。当年柳生拜宫本学艺时，就如何成为一流剑客，师徒间有这样的一段对话。

"师父，我努力学习的话，需要多少年才能成为一名剑师？"又寿郎问道。

"你的一生。"武藏答道。

"我不能等那么久。"又寿郎解释说，"只要你肯教我，我愿意下任何苦功去达到目的。如果我当你的忠诚仆人，需要多久的时间？"

"哦，那样也许要 10 年。"武藏缓和地答道。

"家父年事渐高，我不久就得服侍他了。"又寿郎不甘心地继续说道，"如果我更加刻苦地学习，需要多久？"

"嗯，也许 30 年。"武藏答道。

"怎么会这样呢？"又寿郎问道，"你先说 10 年而现在又说 30 年。那么，我决心不惜任何苦功，要在最短的时间内精通此艺！"

"嗯，"武藏说道，"那样的话，你得跟我 70 年才行，像你这样急功近利的人多半是欲速则不达。"

"好吧，"又寿郎这才明白自己太过心急，"我同意好啦。"

开始训练后，武藏给又寿郎的要求是：不但不许谈论剑术，连剑也不准他碰一下。只要他做饭、洗碗、铺床、打扫庭院和照顾花园，对于剑术只字不提。

3 年的时光就这样过去了，又寿郎仍是做着这些苦役，每当他想起自己的前途，内心不免有些凄惶、茫然。

有一天，武藏悄悄从他背后溜过去，以木剑给了他重重的一击。第二天，正当又寿郎忙着煮饭的当儿，武藏再度出其不意地对他袭击。自此以后，无论日夜，又寿郎都得随时随地预防突如其来的袭击；一天二十四小时，他时时刻刻都有可能品尝遭受剑击的滋味，但他总算悟出了剑道的奥妙。通过辛勤的练习之后，又寿郎终于成了全日本剑术最精湛的剑手。

可见，要想成就一番事业，欲速则不达，只有耐得住寂寞，潜心苦练，才能达到你的目标。

十年寒窗无人问，一朝成名天下知。耐得住寂寞，无论处于人生的巅峰还是低谷，这句话都是对人生的最佳忠告。当代作家刘墉曾经说过："年轻人要过一段'潜水艇'似的生活，先短暂隐形，找寻目标，耐住寂寞，积蓄能量；日后方能毫无所惧、成功地'浮出水面'。"

司马迁受宫刑后，潜心努力 19 年，方有传世佳作《史记》；李时珍历时 30 年的辛苦著述，才造就了医学圣经《本草纲目》；诺贝尔多次死里逃生，废寝忘食数年，终于研制成功 TNT 炸药；爱迪生失败了无数次，才发明了电灯泡。

这个世界充满了各种各样的诱惑。小孩子会受到糖果的诱惑，学生会受到游戏的诱惑，官员会受到贿赂的诱惑，减肥者会受到食物的诱惑，而每个成年人都会受到风花雪月、锦衣玉食、黄金美元、名誉地位的诱惑。在诱惑和欲望面前，人不是做欲望的奴隶，就是做欲望的主人。做奴隶还是主人，这取决于你是否耐得住寂寞。否则，你早晚会被这些诱惑所俘虏，丧失了自我。

经常流传的一些创业故事，人们传来传去，最后只剩下了他（她）在成功的那一刻拥有几家公司、几处房、几辆车……其实，一夜之间就大获成功的故事，即使有，也很少见。让他人艳羡不已的成功，其实是许多年的设计、经营和努力。想一想这漫漫的奋斗征程，克服寂寞，抵御诱惑，清除障碍，解决问题……这一切，需要非凡的执着和定力。有一句名言说得好：
"如果你想出人头地，你要耐得住寂寞，因为成功的辉煌就隐藏
在寂寞的背后。"在理想尚未成功之前，我们必须耐得住寂寞。

人生在世，谁也难免寂寞，很难不为寂寞所困，不在寂寞
中消沉。学会走出寂寞，把生活调节得有滋有味，那一定是个
幸福的人。对平常人而言，郁郁寡欢时与心境开朗时，世界并
没有发生什么变化，山还是山，水还是水，寂寞只是一种心境，
像一层薄薄的雾，撩开了就会发现，外面仍然很热闹很精彩，
只需走进去，投入其中，生活便会变得情趣盎然。

去别处寻找肥肉

跟在别人后面，是没有多大出息的。积极地创造条件，独辟蹊径，
才能发现你人生的转机。

一天吃午饭，法国昆虫学家法布尔端着碗坐在树荫下，发
现地上一块骨头上爬满了蚂蚁。这些蚂蚁忙得热火朝天，但骨
头却纹丝不动，况且，骨头上也没肉，拖回去干什么？法布尔
觉得好笑，也为蚂蚁们的勤奋而感动，于是拿了块肥肉，为便
于拖运，还嚼碎了吐在地上，给它们。

但是，这些蚂蚁全神贯注于骨头，根本不知道附近有美味
的肥肉。它们上下左右地爬啊、咬啊、拽啊，黑压压一片，眼
看着劳动力过剩，就是没有谁往肥肉这边跑一步。

法布尔闲着没事，想看看这些碎肉最终归谁。因为附近有

好几处蚂蚁窝，总会有蚂蚁发现的。

　　这时，骨头边出现一只神态慌张的蚂蚁，好像是刚刚赶来的。兄弟们忙于拽骨头，没有谁注意它。它围着骨头跑来跑去，想帮一把，但挤不上去。它似乎很生气，向骨头发起冲锋，但仍然被兄弟们挤了下来。

　　这只蚂蚁终于放弃了，在外围转了几圈，像是在思考什么。接着，它离开兄弟们，向别处走去。一路走走停停，显然是想开辟新的战场。走到墙角处，它一转身，向肥肉这边爬来。

　　法布尔很兴奋地盯着它，期待它撞上好运！果然，它的触角准确地碰上了肥肉！只见它一愣，然后迅速咬住一颗肉粒，开始享用美味的午餐！当大部队还在攻打那块没有指望的骨头时，这只单枪匹马的小蚂蚁在别处获得了好运。

　　这个故事告诉我们，人们趋之若鹜的事情对你而言未必有多大价值，适当的时候，我们应该学会开辟新的道路，像那只小蚂蚁一样，去寻找没人抢夺的肥肉。只有这样，你才能发现良机，开创一片新天地，成就你的卓越人生。

　　1847 年，17 岁的里维斯·施特劳斯从德国来到美国，投靠在纽约开布店的哥哥。

　　1850 年，美国西部出现了淘金热，20 岁的里维斯也加入了这股被发财的热浪所驱使的人流当中，他只身来到旧金山，试图找到一个金矿。然而，他几乎耗尽了所有积蓄，都没能发现一个金矿，他几乎要绝望了。一天，里维斯默然地坐在地上，看着大街上熙熙攘攘的淘金者。一转眼，他看到了自己帐篷里堆积如山的帆布——用来制作淘金时野营用的帐篷和马车篷。

他转念一想，改变了淘金的初衷，决定另辟发财门道。他先是开了一家销售日用百货品的小商店，主要卖帆布。里维斯认为：淘金固然能发大财，但为那么多人提供生活用品也是一桩能赚钱的好生意。

一天，里维斯正扛着一捆帆布往回走，一位淘金工人拦住他说："朋友，你能不能用这种帆布做一条裤子卖给我？我整天和泥水打交道，普通的裤子经不住穿，只有帆布做的裤子才结实耐磨。"

里维斯听后，灵机一动，一条生财之道马上闪现在他的脑海中。于是，他立即将那位淘金工人带入一家裁缝店，按他的要求做了两条裤子。这就是世界上最早的牛仔裤。

由于牛仔裤结实耐磨，很快就成为淘金工人的首选货，最终风靡全球，里维斯也成为了牛仔裤大王。

里维斯的成功经验说明，人云亦云，总是跟在别人后面，是没有多大出息的。成功决不是碰运气，而是要积极地创造条件，独辟蹊径，才能发现你人生的转机。

别让说谎成为习惯

说一句谎话，要编造十句谎话来弥补，何苦呢？

人类最高的美德就是信任，而谎言则是信任的克星。据说很久以前，上帝就告诉人类不可说谎，否则会自取灭亡。可是人们依旧我行我素，全世界的人都喜欢说谎，还拼命给自己找借口。

美国人一般能够原谅过去的政治家，却非常瞧不起尼克松总统，就是因为他是一个说谎者。"水门事件"使尼克松成为美国历史上第一位被迫辞职的总统。尼克松被赶出白宫的真正原因并不是"水门事件"本身，而是他事后试图靠撒谎掩盖事实真相。同样，美国前总统克林顿的麻烦来自司法程序和在誓言的约束下说谎。与尼克松一样，如果克林顿立即就承认自己的错误行为，他的境遇会好的多。

同样的道理，如果他人发现你是个说谎者，就不会再相信你，还认为你是个只会欺骗的小人。一旦失去了他人的信任和尊重，成功也许对于你就会遥遥无期。所以，说谎对于成功来说是极其不利的。我们不可能做到从不说谎（从不说谎本身就是最大的谎言），但我们可以管好自己的嘴巴，做到少说谎。

美国广播公司（ABC）的民意调查显示：我们普通人每天说谎 25 次。美国科学家的研究还发现，人类从 3 岁起就开始说谎。更有科学家说：人们平均每说话 3 分钟，就会说 1 次谎。

其实，说谎对于生理和心理健康是有百害而无一利的。医学人员发现：说谎会导致大脑疲倦，经常说谎的人，更易患高血压病、消化不良、胃溃疡、便秘、皮肤过敏、偏头痛、关节痛等疾病。心理学的研究还发现，我们身边有些人已经沦为"病态说谎者"。这样看来，说谎有损于身体健康，是拿健康开玩笑。即使一个人是在无恶意地说谎，也会使体内神经细胞受到不良的干扰，对身体健康不利。

美国心理学家称，人是爱讲谎话的动物，而且比自己所意识到的讲得更多。麻省大学的费尔德曼说："如果你问别人说不说谎，他们通常会答：'不，我从不讲大话。'或者说：'只出于善意。'但如果你找一天细心观察自己的行为，就会发现真相是另一回事。"不信的话，你可以试试下面这个测试：

拥挤的超市，你一边打着手机一边急匆匆地走向收银台，一不小心把摆放在收银台旁边的花瓶碰倒了。"砰"的一声，花瓶掉在地上摔得粉碎！设想一下，碰到这样的场合你会怎么说？

A."对不起，实在对不起。"

B."真不巧，这桌脚绊了我一下！"

C."对不起，花瓶多少钱，我赔偿您。"

D."你怎么不把花瓶放好一些呀！"

下面来看看心理学家的解释：

A.看来你为人比较老实，做事谨慎，不会轻易说谎。现在这一类人可不多了！

B.说点小谎，但是没有把责任完全归咎于自己或他人，倾向于为个人利益而说谎。

C.你真是太实在了！有责任感，不太会说谎，当今社会，你这样的人多点就好了！

D.原来你就是谎话大王！一出现问题，就把所有责任推卸给他人！

据心理学家统计，如果你说了一个谎，那么你大约需要再说30次谎言来弥补这个谎言的不足。而说谎，其实也是一件很累的事，更何况刻意去说呢？法朗士说过："若是谎言消失，人类该多么无聊！但你也要小心，别让五光十色的谎言把你的生活变得更加疲倦和苍白！"

记住，如果不是善意的谎言，就一定不要说谎，更不要让说谎成为你的习惯。要知道，一个谎言所背负的东西，远比实话来得更多。加拿大短跑选手约翰逊在奥运会采用服兴奋剂的手段得了金牌，同样是一大丑闻，因为他愚弄了全世界的观众和听众，使人们怀疑奥运会颁发的奖牌究竟有多少价值。谎言带来的更多的是道德危机和信任危机。我们无法想像，失去了公德的社会，失去了信任的人们，对于我们来说有多可怕！

学会争取他人的帮助

如果你应付不了，你可以寻求帮助。毕竟，没有人能搞定一切。

在人的内心最强烈的渴求就是自尊，受到他人重视。所以，每个人都无一例外地希望能得到别人的感激和赞美。一旦有人让他体验到了这种被重视的感觉，他当然会对这个人感激不尽的。而寻求帮助，则能满足人的这种需求——因为觉得你在行才找你帮忙嘛！

所以，在生活和工作中，当遇到困难，感到自己再也坚持不下去的时候，不要一味地蛮干或轻易放弃，不妨试着转变一下思路，尝试其他的方法，或者向别人求教或求助。这样一来，你既满足了他人的感情需求，又为自己解了围，你们的交情也在帮忙中促进不少，如此一石三鸟的好事，何乐而不为呢？

一个周末的上午，一个小男孩在他的玩具沙箱里玩耍。沙箱里有他的一些玩具小汽车、敞篷货车、塑料水桶和一把塑料铲子。在松软的沙堆上修筑公路和隧道时，他在沙箱的中部发现了一块巨大的岩石。

小家伙开始挖掘岩石周围的沙子，企图把它从泥沙中弄出去。小男孩很小，而岩石却相当大。小男孩手脚并用，似乎没有费太大的力气，岩石便被他推到了沙箱的边缘。不过，这时他才发现，他无法把岩石向上滚动、翻过沙箱。

小男孩下定决心，手推、肩扛、左摇右晃，一次又一次地向岩石发起冲击，可是，每当他刚刚觉得取得了一些进展的时候，岩石便滑落了，重新掉进沙箱。

小男孩使出吃奶的力气猛推猛挤。但是，他得到的结果是，岩石再次滚落回来，砸伤了他的手指。

最后，他不由的伤心地哭了起来。男孩的父亲从起居室的窗户里看到了整个过程。当泪珠滚过孩子的脸蛋时，父亲来到了他跟前。

父亲的话温和而坚定："儿子，你为什么不用上自己所有的力量呢？”

垂头丧气的小男孩抽泣道：“但是我已经用尽全力了，爸爸，我已经尽力了！我用尽了我所有的力量！”

“不对，儿子，”父亲亲切地纠正道，“你并没有用尽你所有的力量，你没有请求我的帮助。”说完父亲弯下腰，抱起岩石，将岩石搬出了沙箱。

一个人的能力是非常有限的，比尔·盖茨就说过："一个人永远不要靠自己花100%的力量；而要靠100个人花每个人1%的力量。"所以，如果你自己不能或者不会，不要害怕寻求他人的帮助。人互有短长，你解决不了的问题，对你的朋友或亲人而言或许就是轻而易举的，记住，他们也是你的资源和力量。

世界上最聪明的人，莫过于将别人的智慧和力量为自己所用的人。汉高祖刘邦，带兵打仗不如韩信；运筹帷幄、决胜千里不如张良；治国安邦不如萧何。虽没有过人的本领，但是惟独刘邦在群雄纷争中取胜，做了汉朝开国皇帝。他之所以成功，就是善于取得他人的帮助和辅佐。

孔子的学生子贱有一次奉命担任某地的官吏。当他到任以后，却时常弹琴自娱，不管政事，可是他所管辖的地方却被治理得井井有条，民兴业旺。那位卸任的官吏百思不得其解，因为他每天即使起早贪黑，从早忙到晚，也没有把地方治好。于是他请教子贱：“为什么你能治理得这么好？”

子贱回答说：“你全靠自己的力量去进行治理，所以十分辛苦；而我却是借助别人的力量来完成任务，我信任我的下属，所以我放手让他人去打理政事，他们总是不会辜负我的期望。

一旦遇到棘手的问题，我还会向当地的高人请教。这样一来，我就能有足够的时间弹琴娱乐了。"

诚然，一个人的能力是很有限的，再能干的人也不可能做到万事不求人。所以，适当地放下你的坚强，接受别人的关心和帮助，甚至主动寻求他人的帮助，会让你得到更多意想不到的收获。

世上没有解决不了的问题，但是你不可能一个人搞定所有事情，那么在你心有余而力不足的时候，请记得对别人说声："您能帮我个忙吗？"

激起你对成功的渴望

只有强烈的取胜渴望才能引导成功者。

很久以前，为了开辟新的街道，伦敦拆除了许多陈旧的楼房。然而，因为种种原因。新路久久没能开工，旧楼房的废墟晾在那里，任凭日晒雨淋。

有一天，一群自然科学家来到了这里，发现在这一片废墟上，竟长出了一片野花野草。令人惊奇的是，其中有一些花草是在英国从来没有见到过的，它们通常只生长在地中海沿岸国家。这些被拆除的楼房，大多都是在古罗马人沿着泰晤士河进攻英国的时候建造的。

这些花草的种子多半就是那个时候被带到了这里的，它们被压在沉重的石头砖瓦之下，一年又一年，丧失了生长发芽的机会。而一旦见到阳光，它们就立即恢复了勃勃生机，绽开了一朵朵美丽的鲜花。

只要保持一颗坚韧的心，一旦时机来临，你的生命之花必将绽放。

有两位年届70岁的老太太，一位认为到了这个年纪可算是人生的尽头，于是便开始料理后事；另一位却认为一个人能做什么事不在于年龄的大小，而在于怎么个想法。于是，她在70岁高龄之际开始学习登山，其中几座还是世界有名的。令人惊讶的是，她以95岁高龄登上了日本的富士山，打破攀登此山年龄最高的纪录。

她，就是著名的胡达·克鲁斯老太太。

70岁开始学习登山，这乃是一大奇迹。看来，一个人能否成功，就看他的态度了。一个人如果是个心态积极者，喜欢挑战，自强乐观，那他就成功了一半。胡达·克鲁斯老太太的壮举正验证了这一点。而一个人如果凡事都抱着消极的态度，疑虑悲观，那么，他只好和成功无缘了。

施瓦辛格生于奥地利一个很普通的家庭，父亲是一位警长。15岁时，毫不起眼，身高6英尺，体重只有150磅的瘦小子施瓦辛格，对举重健身产生了狂热的兴趣。

他的偶像是美国健美先生力士柏加。每天施瓦辛格都梦想着成为力士柏加主演的雄赳赳、气昂昂、肌肉健壮的男子汉。

年轻的施瓦辛格不是一个空谈与做白日梦的人。他花尽了零用钱，收集了在奥地利可以买到的美国健身杂志。他一方面努力学习英文，另一方面到处请人帮他翻译这些杂志的文章，以了解健身的原则。他还去做"童工"，赚到的钱，用来买健身器材。

在当年的奥地利，健身被视为粗鲁不雅的举动。因此施瓦辛格的行为受到父母的大力反对。但他的志愿、渴望与意志力，都是锐不可当的。无论家人怎样阻挠，无论人家怎样视他为怪物、不正常，他还是我行我素，追求成为"健美先生"的理想。

他被征入伍之后，仍然不放弃健身。他还情愿被罚，偷偷溜出军营，参加"少年欧洲先生"的选举，并得了冠军！兵役服完之时，施瓦辛格已经拿了四项"健美先生"的奖项。

有了奖金，加上雄心壮志，他便写信给偶像力士柏加。力士柏加有感于这位遥远国度年轻人的热忱，竟然邀请施瓦辛格到他美国的豪宅一游，并且亲自将健身的窍门传授于他，令施瓦辛格的进步一日千里。

此次的美国之游，在施瓦辛格的心底燃起一股强烈的渴望。他决心到南加州，也即是当时的"健身圣地"定居，扬名异域，闯一番事业。因为他的热忱，受到美国健身界的"教父"韦特的赏识，答应让他在南加州受训。

从此，施瓦辛格的威名，随着他那健壮的肌肉，在美国传开了。他获得了一届"国际先生"、三届"环球先生"与连续六届"奥林匹克先生"荣誉。

施瓦辛格获得了成功。他在演艺界成就了事业，不仅是一个炙手可热的电影演员，而且是一个有地位的电影制片人，被视为好莱坞最有势力的人之一。这一切，归功于他年少时对成功的强烈渴望。所以他一开始就把有限的金钱用于健身的锻炼之上。而且，他把早年经营地产的钱用来投资电影制作，从而取得了更大的成就。事业的成就给他带来的副产品是——10亿美元的动产和不动产。后来，施瓦辛格步入政坛，当选为加利福尼亚州州长，一时成为万千人羡慕不已的奋斗偶像。

这就是渴望的力量，它能使一个本来普普通通的人成为财富巨人！

在现实生活中，有很多人都会明白财富的重要性与意义，因而对它产生"渴望"。正是这种对财富的强烈渴望，许多人将会创造出令人无法相信的财富。破釜沉舟、背水一战的故事，给我们的启发应该是，只有强烈的取胜渴望才能引导成功者。

看着别人的美好生活并且羡慕的时候，你应该告诉自己，我要爬得再高一点，因为在高处才会有更美的风景。强烈的渴望能够激发你前所未有的力量。你的渴望越强烈，你也就能爆发出更大的能量。

如果目标是箭，那么渴望就是弓。有弓无箭，就是徒有蛮劲，不懂计划部署，无的放矢，一生多劳而少成；有箭无弓，就是徒具理想，没有摧枯拉朽的精神，做白日梦，一生多言而少成。只有有弓有箭，才会将最不可能的梦想实现。

图书在版编目（CIP）数据

再苦也要笑一笑 / 孙溪岩编著. — 北京：中国华侨出版社，2017.12（2018.9 重印）

ISBN 978-7-5113-7294-9

Ⅰ.①再… Ⅱ.①孙… Ⅲ.①人生哲学—通俗读物Ⅳ.①B821-49

中国版本图书馆CIP数据核字(2017)第309051号

再苦也要笑一笑

编　　著：孙溪岩
出 版 人：刘凤珍
责任编辑：泰　然
封面设计：李艾红
文字编辑：聂尊阳
美术编辑：武有菊
经　　销：新华书店
开　　本：880mm×1230mm　1/32　印张：8.5　字数：177千字
印　　刷：三河市京兰印务有限公司
版　　次：2018年1月第1版　2019年2月第4次印刷
书　　号：ISBN 978-7-5113-7294-9
定　　价：36.00元

中国华侨出版社　北京市朝阳区静安里26号通成达大厦3层　邮编：100028
法律顾问：陈鹰律师事务所
发 行 部：（010）88893001　　　传　　真：（010）62707370
网　　址：www.oveaschin.com　　E-m a i l：oveaschin@sina.com

如果发现印装质量问题，影响阅读，请与印刷厂联系调换。